Supplement

zu

Mitteilungen der Geographischen Gesellschaft in Hamburg

Band XX.

Inhalt:

HAMBURG:
L. Friederichsen & Co.
(Inhaber: Dr. L. Friederichsen).
1904.

Supplement

zu

Mitteilungen der Geographischen Gesellschaft in Hamburg

Band XX.

Inhalt:

Sitzungsberichte

vom 8. Oktober 1903 bis 5. Mai 1904.

277. Sitzung. 8. Oktober 1903.

Vorsitzender: Herr Bürgermeister Dr. Mönckeberg.

Der Vorsitzende teilt zunächst mit, dass der bisherige wissenschaftliche Assistent des Vorstandes, Herr Dr. Max Friederichsen, sich als Privatdozent für Geographie an der Universität Göttingen habilitiert habe und widmet dem Scheidenden warme Worte der Anerkennung und des Dankes für seine Tätigkeit. An Dr. Max Friederichsens Stelle werde Herr Oberlehrer Dr. Schlee vorerst auf ein Jahr die Protokollführung und Berichterstattung übernehmen, während die sonstigen mit dem Sekretariat verknüpften umfangreichen Arbeiten wiederum ausschliesslich unter Leitung des Generalsekretärs Dr. L. Friederichsen zur Ausführung gelangen würden.

Einem Beschluss der letzten Sitzung entsprechend, hat sich der Vorstand bemüht, dafür zu wirken, dass die Deutsche Südpolar-Expedition im nächsten südhemisphärischen Sommer noch einmal einen Vorstoss nach Süden mache. Bei den diesbezüglichen Erkundigungen stellte es sich bald heraus, dass etatsrechtliche Schwierigkeiten diesen Plan, sowie auch anderweitig angeregte, vor der Heimkehr im Süd-Atlantischen Ozean vorzunehmende ozeanographische Forschungen, unmöglich machen. Zur Zeit befindet sich das Schiff „Gauss" schon auf der endgültigen Heimreise durch den Atlantischen Ozean. Das ist um so mehr zu bedauern, als eine ganze Reihe von Südpolar-Expeditionen anderer Kulturnationen in der nächsten Zeit noch in Tätigkeit sein werden. Zwei Schiffe, ein schwedisches und ein argentinisches, haben sich kürzlich auf den Weg gemacht, um die verschollene schwedische Expedition in der Nähe von Graham-Land aufzusuchen. Auch die englische und die schottische Expedition bleiben noch in der Antarktis, und zu ihnen gesellt sich eine französische unter der Leitung von Dr. Charcot, dessen Schiff „Le Français" in diesem Sommer von Havre aus die Reise angetreten hat.

Nachdem der Vorsitzende dann noch mit kurzen Worten einige weitere geographische Begebnisse der vergangenen Monate berührt hat, u. a. die Reise des bekannten Kilimandscharo-Forschers Prof. Dr. Hans Meyer zu den Vulkanen von Ecuador, von denen der Chimborazo und andere Hochgipfel bestiegen wurden, erteilt er Herrn Prof. Dr. Philippson aus Bonn das Wort zu einem Vortrag über „Natur und Kultur im westlichen Kleinasien".

Durch Kleinasien, von jeher eine wichtige Völker- und Kulturbrücke zwischen Asien und Europa, dringt heute die europäische Kultur in Vorderasien vor. Ein wichtiger Faktor dieser Entwicklung ist die von deutschem Kapital erbaute Anatolische Bahn, die das Interesse in Deutschland auf Kleinasien gelenkt und eine reiche Literatur über dieses Land veranlasst hat. Doch ist die wissenschaftliche Erforschung desselben noch sehr im Rückstand. Der Vortragende hat sich daher der geographischen und geologischen Untersuchung des westlichen Teiles Kleinasiens im Anschluss an seine früheren Arbeiten in Griechenland, gewidmet, und in drei Sommern umfangreiche Reisen dort ausgeführt, die er noch fortzusetzen gedenkt.

In dem bereisten Gebiet stossen die grossen natürlichen Provinzen zusammen, in die Kleinasien zerfällt. Es sind dies: das innere Hochland, die schmalen Küstenränder im Norden und Süden, endlich der reich gegliederte Westen, der zum Aegäischen Meere sich hin öffnet. Der Gegensatz dieser Provinzen im Bau und in der Oberflächengestalt beruht hauptsächlich auf dem Verhalten der mächtigen jungtertiären Ablagerungen. Im inneren Hochlande bilden sie in horizontaler Lagerung ebene Hochtafeln; im Westen dagegen sind sie mannigfaltig gestört und bedingen so ein unregelmässiges Berg- und Hügelland; am Nord- und Südrand Kleinasiens sind sie dagegen in die Tiefe gebrochen oder bilden schmale Säume an der Küste.

Zu dem Gegensatz im Bau gesellen sich scharfe klimatische Unterschiede. Der Westen und der Südrand haben mittelmeerisches Klima und mittelmeerische Vegetation; das innere Hochland ist regenarme Steppe, da die Feuchtigkeit vom Meere her durch die Randgebirge abgehalten wird; der Nordrand dagegen hat überreiche Feuchtigkeit und daher üppigen Waldwuchs infolge der vorherrschenden Winde vom Schwarzen Meere her.

Der Vortragende schildert dann näher die Vegetation und Kultur dieser Provinzen. Zuerst das Waldgebirge im Süden des Marmara-Meeres mit seinen ausgedehnten Urwäldern, und die davor an der Küste sich hinziehenden fruchtbaren Ebenen mit ihrer reichen Seidenzucht um den Mittelpunkt Brussa. Dann die weiten Steppenhochflächen des Innern mit extensiver Viehzucht und Getreidebau, der durch die Anatolische Bahn bedeutende Mengen Weizen exportiert. Im Gegensatz zu diesem einförmigen Anbau des Hochlandes steht die Mannigfaltigkeit der Produkte des mediterranen Westens, besonders in den grossen grabenförmigen Ebenen des Maeander, Kayster, Hermos und Kaikos. Rosinen, Feigen, Baumwolle, Opium, Tabak, Knoppern, Gerste, dazu die bekannten Smyrnateppiche kommen in grossen Massen über Smyrna, dem Zentrum dieser reichsten Provinz des türkischen Staates, zur Ausfuhr.

Der Gegensatz in der Natur dieser verschiedenen Provinzen zeigt sich naturgemäss auch in dem Wesen und der Kultur der Bevölkerung und zwar zu allen Zeiten der wechselvollen Geschichte dieses uralten Kulturlandes. Heute ist im Innern und im Nordwesten die grosse Masse der Bevölkerung Türken, ein Volk, dessen Grundstock die alte Urbevölkerung Kleinasiens bilden dürfte, die von den türkischen Eroberern Sprache, Religion und Sitte annahm, dagegen jenen ihren körperlichen

Typus aufprägte. Dazu kommen interessante Nomadenstämme, die den mongoloiden Typus erkennen lassen. An der Küste dagegen sitzen seit dem Altertum die Griechen, und diese dringen in der letzten Zeit im ganzen Westen vor, indem sie Handel und Verkehr vorzugsweise in der Hand haben. Ähnlich beherrschen im Innern und Norden die Armenier den Handel. So kommt die türkische Bauernschaft mit der Erschliessung des Landes durch den modernen Verkehr mehr und mehr in materielle Abhängigkeit von den christlichen Elementen. Ebenso geht das türkische Handwerk zurück infolge der Konkurrenz der billigen europäischen Fabrikate, oder es wird in europäischen Fabrikbetrieb umgewandelt, wie die Teppichknüpferei. Im Landbau selbst werden die Türken vielfach bedrängt durch die zahlreichen mohammedanischen Einwanderer anderer Nationalitäten So hat die Erschliessung des Landes den Türken selbst keineswegs nur Vorteil gebracht. Das Land an sich entwickelt sich schnell zu reicherem Leben und Wohlstand, besonders in dem von Natur gesegneten Westen, der schon längere Zeit durch englische und französische Eisenbahnen von Smyrna aus aufgeschlossen ist. Das von der Anatolischen Bahn durchzogene Hochland mit seinem einförmigen Getreidebau kann sich damit nicht messen. Dafür ist es aber das Durchgangsland nach Südosten, und von allen kleinasiatischen Bahnen kann daher nur die Anatolische nach Syrien und Mesopotamien weitergeführt werden.

Der Vortrag wurde durch eine grosse Anzahl charakteristischer Lichtbilder nach den eigenen Aufnahmen des Redners erläutert.

278. Sitzung. 5. November 1903.

Vorsitzender: Herr Bürgermeister Dr. Mönckeberg.

Der Vorsitzende berichtet über die Ankunft der zurückkehrenden Deutschen Südpolar-Expedition auf den Azoren und legt im Anschluss hieran die „Berichte über die wissenschaftlichen Arbeiten seit der Abfahrt von Kerguelen bis zur Rückkehr nach Kapstadt und die Tätigkeit auf der Kerguelenstation, mit Beiträgen der Mitglieder der Expedition" vor, die schon jetzt als Heft 5 der Veröffentlichungen des Instituts für Meereskunde und des Geographischen Instituts der Universität Berlin veröffentlicht worden sind. Ausser einer Reihe geschenkter Werke wird dann der soeben fertiggestellte 19. Band der Mitteilungen der Geographischen Gesellschaft vorgelegt.

Sodann erhält Herr Dr. Schott, Abteilungsvorsteher der Deutschen Seewarte, das Wort zu einigen Mitteilungen über die Sonnenscheindauer in Mitteleuropa mit besonderer Beziehung auf Hamburg. Der Redner stützt sich dabei auf eine jüngst in Petermanns Mitteilungen (1903, Heft 5) erschienene Arbeit von Dr. Eichhorn, in der die Beobachtungen an Sonnenschein-Autographen von einer grossen Anzahl von Orten bearbeitet und kartographisch dargestellt worden sind, und die so zum ersten Male ein gutes Bild der geographischen Verteilung der Sonnenscheindauer in Mitteleuropa gibt. Herr Dr. Schott hebt einige der bemerkenswertesten Ergebnisse hervor und zeigt dann im besonderen, wie Hamburg — ähnlich wie London — infolge der gewaltigen Rauchentwicklung, die zudem die Entstehung von Nebeln ausserordentlich begünstigt, eine ganz exceptionelle Stellung einnimmt. Helgoland und Meldorf haben durchschnittlich täglich 4,7 Stunden Sonnenschein, Bremen und Celle 4,6, Hamburg jedoch nur 3,5 Stunden. Um eine volle Stunde Sonnenschein wird also Hamburg täglich durch die Rauchwolke, die über der Stadt lagert, gebracht.

Darauf erstattet Herr Kapitän Ludwig Jerrmann, Hamburg, Bericht über seine im Jahre 1898 ausgeführte Reise in's Tiefland des östlichen Bolivien, mit dem Zwecke, die Gummi-Distrikte zu erkunden, welche wenige Jahre zuvor in den Urwäldern der Mojos-Ebene aufgefunden worden waren.

Es handelt sich also um eine Reise in den nördlichsten Teil der Provinz Velasco — Departemento Santa Cruz — wo der Rio Guaporé oder Itenes die Grenze gegen den brasilianischen Staat Matto-Grosso bildet, eine Gegend, welche bisher von wissenschaftlichen Forschern noch nicht besucht worden ist. Im Jahre 1881 hat J. B Minchin eine Karte veröffentlicht, welche wohl die beste Arbeit über den bekannten Teil der Republik Bolivia sein dürfte, aber auch er hat nur den Süden von Velasco besucht, soweit die alten Ansiedelungen der Jesuiten reichten.

Kapitän Jerrmann wählte Corumbá zum Ausgangspunkt seiner Reise, von wo er Ende Juni, also zur trockenen Winterszeit, sich zunächst auf dem Wasserwege nach Puerto Suarez, dem einzigen bolivianischen Hafen am Rio Paraguay, begab und dann zu Pferde den leidlich guten Fahrweg nach dem Westen einschlug, auf welchem er den Rio Tucavaca und das Städtchen Santiago passierte und nach neuntägiger Reise in San José anlangte.

Hier verliess der Reisende die westlich nach Santa Cruz de la Sierra führende Strasse, und wandte sich in gerade nördlicher Richtung nach den 200 km entfernten Guarajos, vier kleinen, nahe bei einander liegenden Indianerdörfern mit nur wenig weissen Einwohnern, wo sich die alten Institutionen der Jesuiten noch in fast unveränderter Weise erhalten haben.

Redner gab eine interessante Schilderung des Indianer-Cabildo, einer Art Stadtrat, und dessen bis in das kleinste geregelten Beamten-Hierarchie, nach welcher alle Gemeindebedürfnisse — bis auf das Wasserholen, Häuserbauen, Holzsuchen u. s. w. — in kommunistischer Weise von für jede Arbeit besonders bestimmten Beamten mit ihren Gehülfen verrichtet wird. Jeder nach den Himmelsgegenden bestimmte Teil eines Ortes hat seinen eigenen Caziken, der für alles verantwortlich ist und seine Autorität durch Verhängung oft schwerer Prügelstrafen zu wahren weiss. Man mag über die Jesuiten denken, wie man will, zur Zeit ihrer Herrschaft über die südamerikanischen Indianer haben sie Bewunderungswürdiges geschaffen und wussten die wilden Horden zu sehr nutzbringender Tätigkeit anzuhalten. Allerdings vermittelst eines Systems, welches am besten gekennzeichnet wird durch ein altes Bild, welches Jerrmann in der stattlichen Kirche zu San José sah: es zeigte einen auf den Altarstufen knieenden Indianer und vor diesem einen Priester, der in der einen Hand eine Schüssel mit Speisen hält und mit der anderen drohend eine Peitsche schwingt. Als die Jesuiten 1767 nach 158 Jahren ihrer Wirksamkeit durch Dekret Carls III. von Spanien aus Südamerika vertrieben wurden, besassen sie 30 Städte mit 90000 Einwohnern, grosse Bergwerke, Landgüter, Kirchen und Häuser, sogar in Buenos Aires, und sehr viel bares Geld. Allein das Privatvermögen der Santa Rosa, der Schutzheiligen der Indianer, betrug 60 Millionen Mark. Und das alles ist unter den Nachfolgern der Jesuiten in die Winde gegangen, ohne die Lage der armen Indianer zu verbessern.

Diese vier, in verschobenem Rechteck von etwa 40 km Seitenlänge bei einander liegenden Dörfer sind San Miguel, San Rafael, Santa Ana und San Ignacio. In letzterem traf Kapitän Jerrmann seine Vorbereitungen für den Eintritt in die Waldregion. Die Packtiere wurden in San Ignacio zurückgelassen; der Korregidor, Herr José Maria Duran, früher Majordomo auf Cibils' Saladero (Fleischextrakt-Fabrik) in Descalvados, nahm sie in liebenswürdiger Weise unter seine Obhut. Ein zuverlässiger Führer fand sich in der Person Pedro Malieros, dem Sohn des Dorfschmieds; nur das nötigste an Waffen, Kleidern und Proviant nahm jeder mit sich auf sein Pferd. Dann ging es weiter nach Norden in die wenig bekannten Wälder zwischen Guaporé und Rio Baures am rechten Ufer des Paraguá entlang, dessen Quelle nur wenig westlich von San Ignacio liegt, der aber auf Minchin's Karte als noch unerforscht und nur mit seiner Mündung in den Itenes verzeichnet ist.

Anfangs wurden noch einige Estanzias und dann der auf keiner Karte vorhandene Cerro Mercedes passiert, ein waldiger Höhenzug, der von der Sierra de Ricardo Franco nach Westen ausläuft. Am vierten Tage wurde Reyavé, die letzte bewohnte Ansiedelung, erreicht.

Die dicht bewaldete, an freien Stellen mit fetten Wiesen bedeckte Ebene ist reich an allerhand Wild; von Säugetieren sind zu nennen: Rüsselbär, Tapir, Puma und Jaguar. Die Jagd war sehr ergiebig, so dass sich die Reisenden von Schwein, Reh, Affe, Gürteltier und Tauben, Enten oder Papageien nähren konnten. Besonders des Nachts liessen sich viel absonderliche Stimmen hören, deren Gebrumm, Geheul, Gekrächze, Gepfeife oder Geschnatter die unheimliche Nähe verdächtiger Nachbarschaft verriet. Aber wirkliche Besorgnis erregten nur die vielen giftigen Reptilien, besonders Klapperschlangen, so dass beim Aufschlagen des Nachtlagers, und wenn es beim Schlingen der Hängematten schon dunkel geworden war, grosse Vorsicht geübt und die Pravaz-Spritze stets bereit gehalten wurde. Eine sachgemässe subkutane Injektion von hypermangansaurem Kali hält man in ganz Südamerika für das wirksamste Gegengift, jedenfalls hilft es mehr, als der getrocknete Vogelkopf, den die Indianer auf die Wunde legen.

70 km nördlich von Reyavé ward der Paraguá schwimmend passiert, und dann nach Zurücklegung weiterer 80 km der Rio Tarbo in gleicher Weise, was etwas ungemütlich war, weil beide Flüsse von Yacarés (Alligatoren) wimmeln.

Jerrmann war nun auf 14° 30′ Südbreite innerhalb der Grenze gelangt, bis zu welcher die Gummi liefernden Bäume vorkommen, deren es in Südamerika verschiedene Arten gibt. Die hier vorkommende ist die Hevea brasiliensis. Es ist ein schöner, gerade aufstrebender, schlanker

Baum von oft über 18 m Höhe, zeigt nie Wurzelansätze über dem Erdboden, hat stets drei Blätter an einem Stiel und hat keine Äste unterhalb der schwachbelaubten Krone. Im Juli verliert er die Blätter und gibt wenig latex, aber im August spriesst er von neuem und der Baum steht wieder in voller Kraft.

Nach viertägigem Ritt durch den Wald auf stellenweise recht schlechtem Wege gelangte der Reisende nach Huanchaco, einer Ansiedelung der Gomeros, wie sich die Gummiarbeiter spanischer Zunge nennen. Hier hatte auch der Direktor einer grossen Gesellschaft seinen Sitz, der die Arbeiten auf dem ganzen sich nach Norden bis an den Itenes erstreckenden Terrain leitete. Er empfing den Ankömmling mit herzlichster Gastfreundschaft und bereitete ihm Wohnung in einem Rancho des Gehöftes.

Huanchaco, auf Deutsch Silberbrücke, war bis vor kurzem noch ein uralter Indianersitz, wo die Pausenas nicht unbedeutende Landwirtschaft getrieben hatten, bis die Gomeros in den Wald kamen. Ein Zusammenleben erwies sich aber nach einigen Jahren als unmöglich und so wurden sie 1895 mit Waffengewalt vertrieben. Die dabei zu Gefangenen gemachten (etwa 200) wurden nach Santa Cruz, dem Bischofssitze, verkauft. Während Redners Anwesenheit legte man eine alte Grabstätte frei und fand dabei zwei grosse Urnen mit ganz verwitterten Knochen.

Jerrmann machte mit seinem Wirte mehrere Reisen von 3—4 Tagen nach den verschiedenen Hauptarbeitsstätten, von denen die Estradas, die zu den Gummibäumen führenden Waldpfade, ausgehen. Einige leichte Hütten dienen den Arbeitern als Wohnstätten, eine grössere mit einem Tonofen (Cuyon) zum Räuchern der Milch.

Früh vor Tagesanbruch gehen die Arbeiter in die Estrade, picken den Baum mit kleinen spitzen Hämmerchen an, stecken die Tichelas, Blechbecher, unter der Wunde in die Rinde und sammeln auf einem zweiten Gang die inzwischen ausgelaufene Milch. Bis Mittag ist diese Arbeit getan, der Nachmittag geht über das Räuchern hin.

Das Auffinden der Bäume, die oft weit verstreut im Walde stehen, erleichtert ein kleiner, eigentümlicher Vogel, der sich nur in der Nähe von Seringa, Gummibäumen, findet und der deshalb den Namen Seringero führt. Sein lieblicher, aus zwei kurzen und einem langen Ton zusammengesetzter Gesang ähnelt im Klang dem Schlag der Nachtigall.

Das harte, entbehrungsvolle Leben im Walde mit seinen tausend Gefahren entbehrt aber doch nicht ganz eines gewissen, poetischen Reizes. Wenn die schweigende Nacht über dem dichten Urwalde liegt und leuchtende Glühwürmer durch das dunkle Laub huschen, dann ertönt oft stundenlang der wehmütige Klagegesang des Huajojo, der unaufhörlich die Quarte einer Molltonart heruntersingt, laut und rein und klar. Die Indianer sagen, dass ihn noch kein Mensch gesehen habe und erzählen von ihm ein Märchen. Danach soll in uralter Zeit ein Inkaprinz ein ganz armes Mädchen geliebt haben und aus Furcht vor dem König mit ihr in den Wald geflohen sein, wo sie sich verirrten. Der Vater aber schickte ihnen eine böse Zauberin nach, die sie in Gestalt einer Unze verfolgte, und sie, als sie sich weigerten, zurückzukehren, zur

Strafe in diese Vögel verwandelte, die nun schon seit Jahrhunderten im Walde ihren Trauergesang hören lassen.

Nach gründlicher Durchwanderung der ganzen Besitzung, die sich bei einer Breite von 8—10 und einer Länge von 33 Leguas nach Norden bis an den Itenes erstreckt, ward die Rückreise angetreten, und in sechs Tagen hatte Jerrmann die Guarajos wieder erreicht, blieb aber dies Mal in Santa Ana, um sich für die Rückkehr nach Corumbá vorzubereiten. Seine Ankunft fiel gerade mit dem Feste der Heiligen gleichen Namens zusammen, so dass er Gelegenheit hatte, dies interessante Schauspiel zu beobachten, welches, wie alle Indianerfeste, eine volle Woche dauerte.

Am Tage vor dem eigentlichen Feste begann frühmorgens der feierliche Einzug der aus den drei Nachbardörfern gekommenen Gäste, die zuerst der Messe beiwohnten und dann vor der in der Kirchtür ausgestellten Statue der Heiligen sangen, tanzten und beteten.

Der folgende Tag begann mit grosser Messe, welche der Pfarrer von San Rafael celebrierte. Auf dem Chore vollführten die sämtlichen Musikanten des Ortes auf selbstgefertigten Geigen, Blechtrompeten, Trommeln, Pauken und Zimbalen einen wilden Lärm, mit welchem sie die krankhaft stöhnende, zerbrochene Orgel begleiteten. Dann ward auf dem Platze vor der Kirche das Heiligenbild in feierlicher Prozession umhergetragen, wobei sich in den tosenden Lärm der Musik das Geknatter der unaufhörlich abgeschossenen Flinten mischte. Und nun als die vielhundertköpfige Prozession den dreimaligen Umzug hielt, entrollte sich vor den Augen der rings um den sehr grossen Platz gedrängten Zuschauer ein wahrhaft grossartiges Bild.

Voran die Männer, dann die lebensgrosse, prächtig geschmückte Statue, umgeben von Reitern mit Fahnen und Pauken, gefolgt von der Musik und zwanzig grotesk maskierten Hanswürsten, denen der farbenprächtige Zug der Frauen folgte, alle in losen Hemden von roter, weisser, gelber, schwarzer, grüner oder blauer Farbe, das fliegende schwarze Haar frei über den Rücken wallend und dazwischen Matronen, denen der silbergraue Hauptschmuck bis zur Erde niederreichte. Sobald der Zug der Kirche gegenüberstand, machte er Front und marschierte auf sie zu, in der Mitte die fahnenumwallte Heilige, vor ihr die Schar der Hanswürste, mit Sprüngen und Kniebeugungen vor ihr tobend und tollend und mit ihren Klappern und Rasseln den Lärm der Musik und des Schiessens vermehrend.

Zwanzig Meter vor der Kirche hielt der Zug, der Lärm verstummte, und nun traten die Tänzer vor. Zuerst die prächtig gekleideten Lanzentänzer, dann die Fahnenschwinger und zuletzt eine liebliche, fröhliche Kinderschar. Die Prozession war beendet, Santa Ana ward in die Kirche zurückgebracht und das Volk in Tanzen und Trinken der tagelangen Freude sich überlassen.

Trotz heftigem Fieber musste Jerrmann von Santa Ana aus den Rückweg nach Corumbá antreten. Er wählte hierfür die Route via Descalvados (der Cibil'schen Fleischextrakt-Fabrik) und den Paraguay abwärts. Bis letzterer zu Pferde erreicht war, vergingen 12 Tage.

279. Sitzung. 3. Dezember 1903.

Vorsitzender: Herr Bürgermeister Dr. Mönckeberg.

Der Vorsitzende gibt zunächst der grossen Freude über die glückliche Heimkehr der Deutschen Südpolar-Expedition Ausdruck. Der Vorstand habe die wackeren Männer der „Gauss" telegraphisch herzlich willkommen geheissen, worauf auch eine Dankesdepesche von Herrn Prof. von Drygalski eingelaufen sei. Nachdem der Vorsitzende noch eines anderen glücklichen Ereignisses, der schon durch die Tagesblätter bekannt gewordenen Auffindung und Rettung der Nordenskjöldschen Schwedischen Südpolar-Expedition gedacht hatte, begrüsste er das Ehrenmitglied der Gesellschaft, Herrn Professor Dr. Hans Meyer aus Leipzig, und erteilte ihm das Wort zu einem Vortrage über seine diesjährige Forschungsreise im Hochland von Ecuador. Auf seiner Cordillerenreise war Prof. Meyer von dem Münchener Maler und Alpinisten Herrn R. Reschreiter begleitet. Während des Vortrags war eine Anzahl von Aquarellen dieses Künstlers ausgestellt, u. a. Gesamtansichten und Eisbilder vom Cotopaxi und Chimborazo, denen der Vortragende neben Schönheit und Feinheit in der Ausführung volle Naturtreue nachrühmen konnte.

Im April d. J. wurde die Reise angetreten, zunächst ging es nach Panama, und von hier nach Guayaquil. Von dieser Hafenstadt führt die einzige Eisenbahn Ecuadors in das Innere hinauf bis zum Ort Guamote in 2800 Meter Höhe, und an diese Endstation schliesst sich die einzige Fahrstrasse des Landes an, welche nordwärts nach der Hauptstadt Quito führt. Der Boden der von den beiden gewaltigen Andenketten eingeschlossenen Hochfläche besteht zumeist aus vulkanischen Tuffen und Konglomeraten und ist deshalb sehr wasserdurchlässig und ausserordentlich steril. Gerste und Kartoffel, die nur kümmerlich gedeihen, sind die wichtigsten Bodenerzeugnisse, Wald fehlt völlig, fast stets wehen heftige Winde, die unendlichen Staub aufwirbeln. Die Bevölkerung des Hochlandes ist grösstenteils rein indianisch. Sie geniesst jetzt in der freien Republik kein besseres Los, als zu der Zeit, da noch das spanische Joch auf dem Lande lastete. Der Boden ist zum grössten Teil in den Händen einer weissen Plutokratie, die das Volk auf ihren Haziendas gleich Sklaven arbeiten lässt. In den trüben staatlichen und sozialen Verhältnissen ist der hellste Lichtblick für den Deutschen die Wahrnehmung, welche hervorragende Bedeutung die Tätigkeit Hamburger Kaufleute für das Land besitzt. Das erste Importhaus in Guayaquil ist ein Hamburgisches, Rickert & Co., und ein anderer Hamburger, Ferdinand Kugelmann, hat als erster die Wichtigkeit der Taguanuss (Steinnuss) als Exportartikel erkannt. Er hat die Tagua-Gesellschaft gegründet, und ihm ist es zu verdanken, wenn jetzt die Ausfuhr der Taguanuss die zweite Stelle im Exporthandel von Ecuador einnimmt.

Der Redner gibt darauf unter Benutzung einer grossen Wandkarte eine Übersicht über seine Reisen zu den verschiedenen Vulkanbergen und spricht dann eingehender über seine Forschungen an zweien der Giganten, am Cotopaxi und Chimborazo.

In herrlicher, ebenmässiger Kegelgestalt strebt der gewaltige, 5969 m hohe Cotopaxi, der grösste aktive Vulkan der Erde, zum Himmel empor, oben von einem weissen Schnee- und Eismantel bedeckt. Herr Prof. Meyer unternahm den Anstieg von der Südwestseite und schlug an der Schneegrenze in 4600 m Meereshöhe ein Lager auf. Von hier glaubte man den Gipfel in 4 Stunden erreichen zu können. Aus diesen 4 Stunden wurden aber 9½! Bei Tagesgrauen um 5½ Uhr brachen Prof. Meyer und Reschreiter auf, und als dritter wurde zum Tragen von Sachen und Apparaten der mischblütige Dolmetscher ans Seil gebunden, der Wind war grimmig kalt und brachte von oben aus dem Krater den Geruch nach Schwefelwasserstoff. Um 10 Uhr musste in 5000 m Höhe der völlig erschöpfte Dolmetscher zurückgelassen werden, und die beiden Europäer stiegen allein weiter, immer im Zickzack den steilen Hang hinan. Trotz der kolossalen Höhe blieben sie frei von Bergkrankheit und verspürten nur neben einer gewissen Erschlaffung eine Art Lufthunger. In dieser Höhe ist die Luft nur noch halb so dicht wie am Meeresspiegel, und infolgedessen wird bei jedem Atemzug nur noch die Hälfte des Sauerstoffes in die Lunge befördert.

Plötzlich bot sich den Forschern ein überraschender Anblick. Zu ihren Füssen tat sich ein ungeheurer Kraterschlund auf, etwa 800 m im Durchmesser, dessen Wände steil, zum Teil senkrecht in die gähnende Tiefe stürzten, mancherorts bedeckt und vor allem gekrönt von ungeheuren Eis- und Schneemassen. In einer Tiefe von 450 m war der weitere Einblick durch dunkle Dampfmassen verschlossen, die, während es im Grunde dumpf rollte und dröhnte, langsam in die Höhe quollen und, am Kraterrande angekommen, vom Sturmwind ergriffen und hinweggefegt wurden. Liess man den Blick in die Ferne schweifen, so gewahrte man über dem grauen Wolkenmeer, das die Hochebene bedeckte, in der Ferne die Spitze des Chimborazo, und noch weiter im Süden die noch viel höher aufgetürmte dunkle Wolke des fortwährend tätigen Sangai-Vulkans. Über dem Schauen, Skizzieren und Photographieren vergassen die Reisenden fast das Schwinden der Zeit und mussten dann eilen, um vor Eintritt der Dunkelheit das Lager zu erreichen. Den Zickzackkurs des Aufstieges kürzend, sprangen sie in 2½ Stunden den Weg hinunter, der beim Aufwärtsklimmen 9½ Stunden gekostet hatte.

Dem Chimborazo hat Herr Prof. Meyer zweimal einen Besuch abgestattet, zu Beginn und am Schluss seiner Exkursionen, die bei höchster Anspannung von Menschen und Tieren 2½ Monate in Anspruch nahmen. Im Gegensatz zum noch tätigen Cotopaxi ist der Chimborazo eine längst erloschene Vulkanruine. Seit Jahrtausenden haben Frost, Wasser und Wind an seinen Flanken gearbeitet, die ursprüngliche ebenmässige Vulkangestalt ummodelliert und tiefe Täler in den Berg gefurcht. Nur von einer Seite macht der Chimborazo den Eindruck eines eingipfligen Domes, während man von anderen Seiten erkennt, dass einem gestreckten Grate fünf Gipfel aufgesetzt sind. Prof. Meyer umging den ganzen Gebirgsstock und machte im Nordwesten einen Aufstieg bis zur Eisregion, an deren Grenze, in 5200 m Meereshöhe, ein Lager aufgeschlagen wurde. Von hier aus unternahm man den Aufstieg zum Westgipfel, aber bei etwa 6000 m schnitten unüberwindliche Eisspalten den Weg ab und die

Reisenden mussten für diesen Tag den Rückweg antreten. Da aber nun fürchterliche Schneestürme einsetzten, so wurde die Expedition zum Rückzug auf die Hochebene gezwungen, von der aus Herr Prof. Meyer dann zunächst die Erforschung der anderen grossen Vulkane in Angriff nahm. Nach etwa 7 Wochen kehrte er zum Chimborazo zurück.

Beim Vordringen zum oberen Teil der Schneeregion bemerkte man mit Erstaunen, dass inzwischen eine seltsame Veränderung vor sich gegangen war. Vorher so gut zu beschreitende Firnhänge waren unter der Einwirkung von Sonne und Wind in Millionen von einzelnen $\frac{1}{2}$—2 m hohen Eiszacken aufgelöst, die in ihrem Aussehen zum Teil an Ruinen, an anderen Stellen mehr an schäumende Wogen erinnerten. Herr Prof. Meyer hatte ähnliche Formen von Nieve penitente schon am Kilimandscharo gefunden, war nun aber doch überrascht von ihrer Grossartigkeit. Es war ausserordentlich schwierig, in diesem Stachelpanzer des Berges bis dicht unter den Westgipfel zu gelangen. Nur 150 m Höhendifferenz waren noch zu durchmessen, da machte in einer Höhe von 6180 m die Struktur des Eises jedes weitere Vordringen unmöglich.

Was nun die früheren Eisverhältnisse betrifft, so konnte der Vortragende an allen besuchten Bergen konstatieren, dass die Vereisung in verhältnismässig junger Zeit sehr zurückgegangen ist. Besonders deutlich zeigt dies der am stärksten vergletscherte Chimborazo. Bis zu 800 m unterhalb der jetzigen Gletscherzungen finden sich an den Felsen Gletscherschliffe und liegen grosse bogenförmige Endmoränen. So wurde auch hier die am Kilimandscharo gewonnene Erkenntnis bekräftigt, dass nicht nur die nördlichen und südlichen Gegenden der Erde, sondern auch die Tropenzone in vergangener Zeit eine weit stärkere Vergletscherung gezeigt hat. Daraus folgt, dass alle Versuche, die Eiszeit aus lokalen klimatischen Bedingungen zu erklären, und alle Annahmen, welche mit einem auf der Nord- und der Südhemisphäre alternierenden Eintreten der Vereisung rechnen, keinen Boden haben. Die Vereisung hat gleichzeitig die ganze Erde betroffen und kann daher nach der Ansicht des Redners nur eine kosmische Ursache gehabt haben. Es liegt die Vermutung nahe, dass diese Ursache in einer säkularen Schwankung der Sonnenstrahlung zu suchen ist, diesbezügliche Untersuchungen liegen jedoch ausserhalb des Forschungsgebietes des Geographen.

Zum Schluss zeigte der Vortragende noch eine grössere Anzahl von Lichtbildern: Städte-, Volks- und Vegetationsbilder aus Ecuador, Fels- und Eisszenerien von den Hochgipfeln.

Nach der Sitzung fanden sich im Grundsteinkeller des Ratsweinkellers 120 Mitglieder der Gesellschaft zu einer geselligen Vereinigung zusammen. Bei dieser brachte zunächst Herr Bürgermeister Dr. Mönckeberg einen Toast aus auf Herrn Prof. Hans Meyer. In seiner Erwiderung hob der Gefeierte hervor, dass ihn mit der Hamburgischen Geographischen Gesellschaft und mit der Stadt Hamburg ganz besonders freundschaftliche Beziehungen verbänden, die dadurch noch besonders genährt würden, dass er überall im Auslande bei seinen Forschungsreisen vor allem von den Hamburgern, die drüben den deutschen Handel vertreten, hervorragende Förderung seiner Unternehmungen erfahren habe. Sein Trinkspruch galt der Geographischen Gesellschaft.

Leider war Herr Prof. von Drygalski, der, noch in Kiel weilend, zu der Zusammenkunft eingeladen war, am Erscheinen verhindert. Herr Dr. L. Friederichsen fand allseitig freudige Zustimmung zu seinem Vorschlag, dem Führer der Deutschen Südpolar-Expedition berichten zu dürfen, dass die versammelten Mitglieder der Geographischen Gesellschaft in einem begeisterten Hoch auf ihn und seine wackeren Begleiter der Überzeugung Ausdruck gegeben hätten, dass die Deutsche Südpolar-Expedition auf der ihr vorgezeichneten Route gen Süden den ihr gestellten Aufgaben vollauf gerecht zu werden in mustergiltiger Weise verstanden hätte und dass man hoffe, baldigst in einer Sitzung der Hamburgischen Geographischen Gesellschaft näheres über Erstrebtes, Erfolge und Erlebnisse aus dem Munde des Führers selbst zu hören.

280. Sitzung. 7. Januar 1904.

Vorsitzender: Herr Bürgermeister Dr. Mönckeberg.

Die Sitzung findet ausnahmsweise im früheren Bürgerschaftssaal des Patriotischen Hauses statt. An der Sitzung nehmen die Tags zuvor mit dem Dampfer Tijuca der Hamburg-Südamerikanischen Dampfschiffahrts-Gesellschaft eingetroffenen schiffbrüchigen Mitglieder der Schwedischen Südpolar-Expedition teil, nämlich die Herren: Dr. Otto Nordenskjöld, (Führer der Expedition), Kapitän C. A. Larsen (Führer des im Erebus und Terror-Golf unter ca. 64° S. Br. u. 55½° W. L. vom Eise zerdrückten Expeditionsschiffes Antarctic), Dr. med. Eckelöff, Dr. Bodman (Meteorologe), Dozent Dr. G. Andersson (Geologe), Dr. K. A. Andersson (Zoologe), Dr. Scotsberg (Botaniker) und Artillerieleutnant Duse (Kartograph).*) Herr Bürgermeister Mönckeberg eröffnet die Sitzung mit folgenden Worten: Ehe wir in die heutige Tagesordnung eintreten, habe ich die grosse Freude, Gäste in unserer Mitte begrüssen zu können, denen wir alle ein herzliches Willkommen aussprechen möchten. Es sind dies Dr. Otto Nordenskjöld und die wissenschaftlichen Begleiter seiner Südpolar-Expedition. Sie wissen alle, dass kaum eine andere Frage uns in unseren Sitzungen während der letzten Jahre so oft beschäftigt hat, wie die der antarktischen Forschungen. Sind es doch vornehmlich auch zwei Mitglieder unserer Gesellschaft, die Herren Geheimrat von Neumayer und unser Generalsekretär Dr. Friederichsen, gewesen, die für die Erforschung der antarktischen Gebiete eingetreten und bei den Vorarbeiten für eine Deutsche Südpolar-Expedition eine hervorragende Rolle gespielt haben. Wir haben die jüngst heimgekehrte Deutsche Südpolar-Expedition von Anfang an mit dem wärmsten Interesse verfolgt und werden in der nächsten Sitzung, am 4. Februar, den Leiter derselben, Herrn Prof. von Drygalski, Näheres über den Verlauf und die Ergebnisse der Expedition berichten hören. Aber unser Interesse hat sich nicht allein auf die deutsche Expedition beschränkt, sondern auch auf alle gleichzeitig von verschiedenen Nationen ausgesandten Expeditionen erstreckt, die alle

*) Zum wissenschaftlichen Stabe der Expedition gehörte ausser genannten Herren der argentinische Schiffsfähnrich Sobral, welcher in Buenos Aires zurückgeblieben war.

bestrebt gewesen sind, im System der internationalen antarktischen Forschung ihr Teil zu leisten. Zu diesen gehört auch die Expedition des Herrn Dr. Otto Nordenskjöld, die wir heute in unserer Mitte sehen. Wir haben mit lebhaftestem Interesse das Unternehmen verfolgt und mit der ganzen wissenschaftlichen Welt die Besorgnis um das Schicksal der Expeditions-Mitglieder geteilt. Gross war unsere Freude, als die Botschaft einlief, dass die Expedition gerettet und auf der Heimreise begriffen sei. Unsere Gesellschaft hat nun das Glück, die Expeditions-Mitglieder als erste wissenschaftliche Gesellschaft begrüssen zu können, und ich glaube in Ihrer aller Namen zu handeln, wenn ich die Herren herzlich in Europa, in Deutschland und in Hamburg willkommen heisse und unseren Dank ausspreche für die Freude und die Ehre, die sie uns durch Teilnahme an unseren heutigen Verhandlungen erweisen. (Lauter Beifall folgte den Worten des Präsidenten.)

Hierauf sagt Dr. Nordenskjöld etwa folgendes: Ich erlaube mir, sowohl meinen als auch meiner Begleiter tiefgefühlten Dank auszusprechen für die schönen Worte, welche Se. Magnificenz soeben an uns gerichtet hat. Es ist uns allen eine besondere Ehre und Freude, hier heute zum ersten Male wieder an einer wissenschaftlichen Versammlung teilnehmen zu können. Es ist wahr, was der Herr Präsident soeben angedeutet hat, dass Hamburg der Platz gewesen, von wo die Südpolar-Bestrebungen ausgegangen sind. Ich selbst habe viel mit Dr. von Neumayer über dieses grosse internationale Unternehmen, von dem wir nur ein kleines Glied sind, gesprochen. Hier in Hamburg sind die Fäden des Netzes zusammengelaufen, das gespannt worden ist, um die Geheimnisse der Antarktis ans Licht zu bringen. — Der heute auf Ihrer Tagesordnung stehende Vortrag über die argentinische Cordillere interessiert mich um so mehr, als der Süden Südamerikas eine gewisse Verwandtschaft hat mit den von uns besuchten Länderstrecken.

Ihr Herr Generalsekretär hat mich aufgefordert, über die Ergebnisse unserer Expedition etwas Näheres mitzuteilen; das ist mir aber heute unmöglich, denn ich habe keine Zeit gehabt, mich darauf vorzubereiten und keine Gelegenheit, unsere Beobachtungen zu vergleichen und in Zusammenhang zu bringen mit den Resultaten der unserem Arbeitsfelde zunächst gewirkt habenden Deutschen Südpolar-Expedition. Nur im allgemeinen kann ich sagen, dass die während 2 Jahren auf unseren 3 Stationen angestellten meteorologischen Beobachtungen das unerwartete Resultat einer mittleren Jahrestemperatur von — 12° ergeben hat, also ungefähr dieselbe Kälte wie auf den beiden allerkältesten Plätzen des entsprechenden Breitegrades auf der nördlichen Erdhälfte, im Tal der Lena in Sibirien und in dem Hudsonbai-Gebiet. Interessant ist auch die grosse Windstärke (durchschnittlich für das erste Jahr 8,4 m in der Sekunde), die vorwiegend südwestliche Richtung des Windes, sowie die Tatsache, dass der Wind im Winter bedeutend stärker gewesen ist, als im Sommer. Unsere magnetischen Beobachtungen sind noch nicht berechnet, doch verdient hervorgehoben zu werden, dass wir während zwei Jahren kein einziges Südlicht beobachtet haben. In geologischer Beziehung sind unsere, älteren als tertiären Schichten angehörenden Funde von fossilen Wirbeltier-Überresten sowie eines

Sandsteins mit zahlreichen Fragmenten von Laubhölzern zu erwähnen. Die Gesteine der von uns erforschten Gebirgsketten geben indessen keinen Anhalt für die bisherige Annahme, dass letztere die Fortsetzung der südamerikanischen Cordillere sind.

Mit einem nochmaligen herzlichen Dank für den freundlichen Empfang beendete Dr. Nordenskjöld seine mit lautem Beifall aufgenommene Rede.

Hierauf tritt der Vorsitzende in die Tagesordnung ein und erwähnt zunächst der unserem Mitgliede Hermann Strebel gelegentlich seines am 1. Januar a. c. stattgehabten 70. Geburtstages erwiesenen wohlverdienten Auszeichnungen und dass auch der Vorstand unserer Gesellschaft dem Jubilar die herzlichsten Glückwünsche durch Herrn Dr. Friederichsen habe überbringen lassen.

Sodann teilt der Vorsitzende mit, dass unser Ehrenmitglied, der Geheime Hofrat Prof. Dr. Sophus Ruge in Dresden am 23. Dezember v. J. nach langem schweren Leiden verschieden sei. Ruge stammt aus Dorum, einem Flecken des uns benachbarten Landes Wursten, und wurde, nachdem er 1859—70 an der Handelsschule und 1870—74 an der Annenschule zu Dresden tätig gewesen war, im Jahre 1874 an die Technische Hochschule in Dresden berufen, woselbst er bis zu seinem Lebensende die Professur für Geographie und Ethnographie inne hatte. Er war Mitbegründer unserer Dresdener Schwestergesellschaft und führte deren Vorsitz 30 Jahre hindurch. Sein Haupt-Arbeitsfeld lag auf dem Gebiete der Geschichte der Erdkunde und der Kartographie, auf welchem er sich dank der gründlichsten Quellenstudien zu einer Autorität ersten Ranges emporzuschwingen gewusst hat. Unsere Gesellschaft ist Ruge speziell dankbar für seine vortreffliche Arbeit über die Entdeckungsgeschichte der Neuen Welt in dem ersten Bande der Festschrift der Hamburgischen Amerikafeier 1892 und benutzte die Gelegenheit ihres 25jährigen Stiftungsfestes, um ihm durch Ernennung zum Ehrenmitgliede unsere Hochschätzung auszudrücken. Wir beklagen nunmehr mit der gesamten wissenschaftlichen Welt das Hinscheiden dieses vortrefflichen Mannes und Gelehrten. Der Vorstand hat in diesem Sinne an die Hinterbliebenen ein Beileidsschreiben gerichtet und einen Lorbeerkranz auf den Sarg des Verstorbenen niederlegen lassen.

Der Vorsitzende teilt ferner mit, dass Herr Prof. von Drygalski in der nächsten, auf den 4. Februar fallenden Sitzung über den Verlauf und die Ergebnisse der Deutschen Südpolar-Expedition vortragen werde und dass der Vorstand sämtliche wissenschaftliche Mitglieder, sowie die Offiziere der Expedition zur Teilnahme an dieser Sitzung und an einem sich daran anschliessenden Abendessen im Ratsweinkeller eingeladen habe.

Auch berichtet der Vorsitzende über den bisherigen Verlauf der französischen Hülfsexpedition des Herrn Dr. Charcot sowie über die jüngst von der schottischen antarktischen Expedition eingetroffenen Nachrichten.

Alsdann hält Herr Prof. Dr. *R. Hauthal* aus La Plata den angekündigten Vortrag über die Argentinische Cordillere und die in Ultima Esperanza (Last Hope Inlet) gefundenen Reste eines grossen Edentaten (Grypotherium Darwini). Herr Hauthal sagt ungefähr Folgendes: Die

Mannigfaltigkeit der Formen, in welchen sich uns das Relief der Erdoberfläche darstellt, wird bedingt von den verschiedenen Kräften und Vorgängen, die das Relief herausgearbeitet haben; so verschieden diese Kräfte und Vorgänge, so mannigfaltig gestalten sich die von ihnen geschaffenen Formen. Je mehr nun die wissenschaftliche Forschung in die Erkenntnis dieser Formen eindringt, desto mehr ergiebt sich, dass ganze Gebirgssysteme, die man früher als ein einheitliches Ganzes ansah, in verschiedene, nach Form und Entstehung sich wesentlich unterscheidende Teile zu trennen sind. Ein besonders schönes Beispiel bietet das Gebirgssystem der Cordilleras de los Andes. Dieses gewaltige Gebirgssystem ist namentlich im chilenisch-argentinischen Teile während der letzten zehn Jahre genauer durchforscht worden, und zwar infolge des zwischen Chile und Argentinien seit Jahrzehnten obwaltenden, im Jahre 1902 durch Schiedsspruch der englischen Regierung definitiv geschlichteten Grenzstreites.

Die geologische und geographische Durchforschung der zwischen Chile und Argentinien, vorzugsweise in Patagonien gelegenen strittigen Gebiete, hat nun ergeben, dass die Cordillere durchaus nicht ein einheitliches Ganzes, sondern in ihren einzelnen Teilen hinsichtlich des Aufbaues und der Entstehung, worauf schon die so ganz verschiedenen Reliefformen hinweisen, verschieden ist.

Zunächst hat sich herausgestellt, dass die Gebirge der Provinz Buenos Aires, die stets für Abzweigungen der Cordillere de los Andes gehalten wurden, mit diesem Gebirge nichts zu tun haben, sondern völlig selbständige sind, die viel älter als die jugendlichen Anden, aller Wahrscheinlichkeit nach mit den brasilianischen alten Gebirgen im Zusammenhang einen der ältesten Teile des südamerikanischen Continents bilden.

Auch im Süden liegen die Verhältnisse anders, als man bisher annahm; dort, so glaubte man, läge eine Umbiegung der Cordillere nach SO vor, was aber mit der allergrössten Wahrscheinlichkeit nicht der Fall ist. Wir haben hier das Ende der Anden in ungefähr 52° S. Br. zu suchen, an das sich die Faltenzüge eines anderen Gebirges in NW—SO-Richtung anreiht.

Die Cordillere, d. h. die argentinische Cordillere besteht nach den neueren Forschungen aus 2 nach Form und Ursprung ganz verschiedenen Teilen, dem nördlichen etwa bis zum 40° S. Br. reichenden und dem südlichen von 40°—52° S. Br. sich erstreckenden Teile.

Der nördliche Teil besteht aus mehreren langgestreckten Parallelketten; hier haben wir ein ausgesprochenes Faltungsgebirge. Die Streichrichtung der einzelnen Ketten ist N-S. Aber hier ist nicht eine Faltung der gebirgsbildende Vorgang gewesen, sondern hier hat der Vulkanismus neben der Faltung eine ganz hervorragende Rolle gespielt. Die zwischen den einzelnen Faltenzügen gelegenen Ebenen sind mit den Produkten der vulkanischen Tätigkeit gefüllt und mächtige Vulkane erheben sich reihen- und gruppenweise bis zu einer Höhe von 6600 m, die aber, da ihr Fuss schon sehr hoch, meist über 3000 m liegt, nicht so gewaltig erscheinen.

Hier ist das Reich der Materie und zwar der organischen, die sich hier zu ihren gigantischsten Formen ausgestaltet. Das organische Leben ist nur sehr schwach vertreten; weite, weite Strecken sind völlig tot; kein Grashalm, kein Vogel ist sichtbar, nur dann und wann sieht man einen Kondor hoch oben einsam kreisen. Aber die tote Materie hat ausser der Form noch ein anderes Mittel, um Leben vorzugaukeln, das ist die Farbe. Es ist wunderbar, wie hier in der Puna de Atacama die Gesteine, die jungvulkanischen Tuffe in den brennendsten Farbentönen, Rot, Gelb, Grün, Blau, Violett erglühen und nicht etwa in matten Tönen, nein hier leuchtet alles in sattesten Farben. Auffallend wenig Schnee haftet hier an den Vulkanriesen. Die Schneegrenze liegt infolge des geringen Niederschlages verhältnismässig sehr hoch, über 6000 m, und die starke Verdunstung lässt es nicht zur Ansammlung grösserer Schneemassen kommen; nur im Osten, an dem am weitesten nach Osten vorgeschobenen Kettenzug der 5400 m hohen Sierra del Aconquija, bringen die feuchten Ostwinde grössere Niederschläge, und daher ist hier die Schneegrenze bei 4500 m, und daher sind hier in den Tälern prächtige Wälder.

Weiter nach Süden verschmälert sich die gefaltete Cordillere, die östlichen Faltenzüge verlieren sich in der Pampa; nur 2 Ketten setzen sich nach Süden fort, die Hauptcordillere bildend. Diese erreicht in manchen Gipfeln (Aconcagua, Mercedario) beinahe eine Höhe von 7000 m, ist kahl, nur in den Tälern besseren, zur Viehweide dienenden Graswuchs zeigend, der hohen Lage und der im Herbst und Winter heftigen Schneestürme wegen aber auch nur im Sommer bewohnbar.

Die im Winter infolge der ständig wehenden Westwinde an den Ostgehängen sich anhäufenden Schneemassen wandeln sich unter der Sonne zu abenteuerlichen Formen um, denen der Volksmund die sehr charakteristische Bezeichnung Büsserschnee, „Nieve penitente", gegeben hat. Er ist bisher nur in der Cordillerenregion von 24° bis 36° s. Br. in einer Höhe von 3500—4500 m beobachtet worden. Es sind einzeln stehende Pyramiden, Säulen, Nadeln etc. von 2—6 m Höhe, die aber stets in Reihen geordnet sind, die NW—SO als Richtung innehalten. Dieser Büsserschnee ist nicht zu verwechseln mit den Oberflächenformen, welche manche Gletscher infolge von Zerklüftung annehmen.

Ganz anders als der nördliche Teil der Cordillere, wo Faltung und Vulkanismus gebirgsbildend gewirkt haben, stellt sich der südliche Teil dar, wo Hebung die gebirgsbildenden, und starke Denudation und Erosion von Wasser und Eis die formengebenden Vorgänge sind. Hier haben wir nicht einen mauerartig sich erstreckenden, ausgesprochenen Hauptkamm, begleitet von parallelen Nebenkämmen, wie im Norden, hier haben wir vielmehr eine Reihe von Einzelmassiven, die durch tief einschneidende Querdepressionen von einander getrennt sind. Charakteristisch für diese Region sind die Lakkolithe, granitische Aufbrüche, die aber nicht die Oberfläche der Erde erreichten, sondern die obersten geschichteten Gesteine domartig emporgewölbt haben. Da nun in Patagonien noch Schichten der oberen Kreide vor diesen granitischen Lakkolithen aufgewölbt sind, so sind dieselben, wenn nicht im unteren Tertiär, so doch bestimmt gegen das Ende der Kreidezeit aufgebrochen, also von verhältnismässig recht jugendlichem Alter.

Die Form dieser Lakkolithe ist sehr eigentümlich; es sind hoch aufragende (bis zu 3000 m), gewaltige granitische Türme, die mantelartig von allseitig gleichmässig abfallenden Kreideschichten umgeben sind. Diese eigentümliche Form ist bedingt durch die in Patagonien kräftig einsetzende Erosion und wiederholt sich in geradezu typischer Weise im Cerro Paine (51° s. Br.) und im Fitz Roy (49° s. Br.) sowie im Cerro Fartaleza, etwas nördlich vom Lago Buenos Aires.

Eine andere diesem südlichen, patagonischen Teile der Cordillere eigentümliche Erscheinung sind die grossen Querdepressionen, die das ganze Cordillerengebiet durchsetzen. Sie dienen zum Teil Flüssen zum Bett, die im Osten der Cordillere, auf den hohen Mesetas des patagonischen Tafellandes entspringend, so nach dem pazifischen Ozean entwässern. Zum Teil sind sie aber auch erfüllt von grossen Seen, die mit ihren waldumkränzten Ufern und gletschertragenden Bergen an landschaftlicher Schönheit den berühmten Schweizerseen nichts nachgeben. In ihrem östlichen Teile breite, flache Wannen bildend, sind ihre westlichen, tief in die Cordillere eingreifenden Arme, tiefe, enge Fjorde, die dadurch einen ganz besonderen landschaftlichen Reiz erhalten, dass in sie gewaltige Eisströme, die der Inlandeismasse entstammen, welche einen grossen Teil der südlichen Cordillere bedeckt, einmünden.

Auffallend ist hier das völlige Zurücktreten der eigentlich vulkanischen Erscheinungen, die im Norden im Gebiete der gefalteten Cordillere eine so hervorragende Rolle, gebirgsbildend und morphologisch gespielt haben.

In der südlichen Cordillere sind nur noch einzelne Vulkane sicher bekannt, der letzte bei 46° s. Br. Dagegen treten im Osten der Cordillere, in der patagonischen Tafellandschaft, namentlich im südöstlichen Winkel Patagoniens, viele kleine, gruppenweise geordnete Vulkane auf, und über ganz Patagonien zerstreut finden sich gewaltige Deckenergüsse jungvulkanischer Natur, die die im allgemeinen grosse Fruchtbarkeit des Landes beeinträchtigen, aber insofern auch wieder vorteilhaft wirken, als sie, als Wasserreservoire dienend, manchen Quellen in sonst trockenen Gegenden Ursprung geben. Dass auch die Vegetationsverhältnisse sich in einem so grossen durch 30 Breitengrade sich erstreckenden Gebiete, wie das besprochene Cordillerengebiet ist, ganz verschieden gestalten, ist natürlich gegeben.

Der hochgelegene, niederschlagsarme, nördliche Teil, ist arm an Pflanzen, nur in den tieferen Tälern findet sich Vegetation in Form von Wiesen, Gebüschen und in den östlicheren Teilen auch Wälder. Der südliche Teil, die eigentlich patagonische Cordillere, ist dagegen stark bewaldet und in den Tälern breiten sich üppige Wiesengründe aus, mit so schönem Graswuchs, wie er selten an anderen Orten angetroffen wird.

Auch hat sich in den letzten Jahren herausgestellt, dass die früher als unwirtlich und unbewohnbar angesehene patagonische Tafellandschaft durchaus nicht so unfruchtbar ist. Auf den Plateaus selber findet sich, insofern sie nicht von Basaltdecken bedeckt sind, guter Graswuchs und in den breiten Flusstälern breiten sich recht gute

Wiesen aus. — Infolge der starken, häufigen Westwinde ist aber Baumwuchs in der Plateaulandschaft nicht vorhanden, wohl aber befinden sich an vielen Stellen in den Tälern kleinere, aber dichte Buschwaldungen.

Wie sich so Patagonien überraschenderweise als ein gut bewohnbares Land herausgestellt hat, hat es noch in anderer Beziehung eine grosse Überraschung geboten.

In einer grossen Höhle in der Nähe des Fjord Ultima Esperanza sind Reste eines eigentümlichen Tieres entdeckt worden, unter Umständen, die darauf schliessen lassen, dass dieses Tier lange Zeit hindurch mit den Menschen zusammen gelebt hat. Es sind besonders Reste von einem grossen Edentaten (Gryprotherium Darwini), die deshalb die Aufmerksamkeit erregen, weil dieses Tier, dessen nächste Verwandte einerseits die Faultiere andererseits die Gürteltiere sind, in der Haut (in der Lederschicht) eigenartige kleine Hautknöchelchen, etwa bohnengross hat, die sich zu einem beweglichen Hautpanzer zusammenschliessen.

Die eigentliche Bedeutung der Funde liegt aber darin, dass dieses Tier, das längst ausgestorben ist, noch ein Zeitgenosse der Menschen war, und dass der Mensch es war, der wie so manche andere Tiere, so auch dieses aus der Diluvialzeit in unsere Zeit hineinragende Tier ausgerottet hat.

281. Sitzung. 4. Februar 1904.

Vorsitzender: Herr Bürgermeister Dr. Mönckeberg.

Die Sitzung findet ausnahmsweise in der Aula der Gelehrten-Schule des Johanneums statt. Der Vorsitzende, Herr Bürgermeister Dr. Mönckeberg, eröffnet die Sitzung mit folgender Ansprache: Es ist mir eine besondere Freude und Ehre in der heutigen Sitzung im Namen unserer Gesellschaft den Leiter der Deutschen Südpolar-Expedition, Herrn Prof. Dr. Erich von Drygalski und einige Mitglieder der Expedition, die Herren Prof. Ernst Vanhöffen (Kiel, Zoologe), Dr. Emil Philippi (Berlin, Geologe), Schiffsoffizier des Gauss R. Vahsel und Obermaschinist Albert Stehr, begrüssen zu können und sie herzlich willkommen zu heissen. — Dass gerade die Hamburger Geographische Gesellschaft an dem Verlauf der Deutschen Südpolar-Expedition regen Anteil genommen hat, brauche ich den Mitgliedern nicht zu sagen. Der Name unseres verehrten Ehrenmitgliedes Geheimrat von Neumayer ist mit der Südpolarforschung seit Jahrzehnten eng verknüpft. Gelegentlich des VI. Internationalen Geographen-Kongresses in London 1895 wurde es ausgesprochen, dass die Erforschung der antarktischen Region das bedeutendste der noch zu lösenden geographischen Probleme sei, und es wurde der Hoffnung Ausdruck gegeben, dass noch vor Schluss des 19. Jahrhunderts durch internationalen Wettbewerb diese Aufgabe gelöst werde. Nachdem die Aussendung einer Deutschen Südpolar-Expedition von Reichswegen beschlossen worden war, galt es durch private Sammlungen, an denen sich auch die Hamburger Geographische Gesellschaft im Einverständnis mit der Hamburger Handelskammer beteiligte, das allgemeine Interesse vor der

Reichsregierung zu dokumentieren. Als dann der Reichstag die Mittel zur Verfügung gestellt hatte, verfolgten wir mit grossem Interesse den Bau des Schiffes und die Ausrüstung der Expedition. Beim Verlassen Kiels waren neben vielen Vertretern des Reiches und der Wissenschaft, auch Mitglieder unserer Gesellschaft zugegen, um dem Gauss das Geleit zu geben. Mit Spannung haben wir jede Nachricht von der Expedition verfolgt und in unseren Sitzungen fortlaufend über die Expedition berichtet. Mit Freuden begrüssten wir die Meldung von der glücklichen Rückkehr aus dem Eise nach Kapstadt und beschlossen alsbald, unser Wort für einen nochmaligen Vorstoss des Gauss gen Süden einzulegen. Leider liess sich dieser Plan aber nicht verwirklichen. Wir haben dieses alles getan in der Überzeugung der Tauglichkeit des Expeditionsschiffes für ozeanographische Forschungen und in dem festen Vertrauen auf die Expeditionsmitglieder. Eine bessere Anerkennung glaubten wir damals ihnen nicht zuteil werden lassen zu können! Herzlich bewillkommet haben wir sie bei der Rückkehr ins Vaterland und den aufrichtigen Wunsch gehabt, sie recht bald in unserer Mitte zu sehen und aus ihrem Munde über den Verlauf und die Resultate der Deutschen Südpolar-Expedition zu hören. Dieses ist uns heute vergönnt. Ich heisse Sie, meine Herren Mitglieder der Deutschen Südpolar-Expedition, nochmals herzlich willkommen!

Sodann macht der Vorsitzende einige geschäftliche Mitteilungen und verlas u. a. ein Schreiben des schwedischen und norwegischen Generalkonsuls Herrn A. Bödtker, in dem der König von Schweden der Geographischen Gesellschaft für den der Nordenskjöld'schen Expedition in der Januar-Sitzung bereiteten warmen Empfang danken lässt. Nach kurzer Berichterstattung über die im letzten Monat eingetroffenen Nachrichten über die französische Südpolar-Expedition unter Dr. Charcot, die schwedische unter Korvetten-Kapitän Gyldén, die schottische unter Dr. Bruce, sowie über die Expedition des Baron Toll nach den Neusibirischen Inseln, erteilt der Vorsitzende Herrn Prof. von Drygalski das Wort zu dem angekündigten Vortrag über den „Verlauf und die Ergebnisse der Deutschen Südpolar-Expedition, unter Vorführung von Lichtbildern".

Der Redner führt ungefähr Folgendes aus: Die Deutsche Südpolar-Expedition ist im ganzen 28 Monate von der Heimat entfernt gewesen, von denen 14 Monate im Polareis, 10 Monate im offenen Ozean und 4 Monate teils auf dem Festlande, teils auf den Inseln im südlichen Atlantischen Ozean zugebracht wurden. Die Expedition lässt sich in drei grosse Abschnitte gliedern und zwar in die Fahrt bis Kapstadt, die Fahrten in die westlichen Sturmregionen der gemässigten südlichen Breiten und das Leben im Polargebiet selbst.

Unsere Arbeit begann beim Äquator, was nicht allein dem Wunsche des deutschen Beirats entsprach, sondern auch insofern notwendig war, als es galt, gewisse Probleme, welche auch mit der Arbeit im Südpolar-Gebiet im Zusammenhang standen, zu lösen, und die Vorzüge und Nachteile des Gauss zu erproben. Freilich dehnte sich die von mir auf zwei Monate angesetzte Fahrt unfreiwillig auf drei Monate aus. Ein

Grund hierfür war die geringe Fahrgeschwindigkeit des Gauss. Während der Gauss in ruhiger See die kontraktliche Geschwindigkeit von 7 Knoten erreichte, erzielte er diese im offenen Ozean bei stürmischer See keineswegs. Es soll hierin aber kein Vorwurf für die Erbauer des Schiffes liegen, die Ursache ist vielmehr in dem weiten, schweren Bau des Schiffes, der für die Eisregionen notwendig war, in den umfangreichen Deckaufbauten und in den vorherrschenden meist flauen Winden bei der Fahrt durch die Tropen zu suchen. Die bis dorthin ausgeführten wissenschaftlichen Arbeiten haben nur wenig Zeit gekostet, weil sie meist bei unfreiwilligem Aufenthalte vorgenommen wurden. In Kapstadt selbst wurden noch einige notwendige Ausrüstungsgegenstände beschafft und zum letzten Male die Instrumente mit denen einer festen Station, des dortigen Observatoriums verglichen.

Nach einem 14tägigen Aufenthalt in Kapstadt traten wir den zweiten Teil unserer Fahrt an. Gar bald nach Verlassen des Hafens machte sich der grosse Kontrast zwischen der Totenstille des Tropenmeeres und den schweren Seen der Weststurm-Region bemerkbar. Sturmvögel umkreisten das Schiff. Infolge des stürmischen Wetters konnte nur wenig wissenschaftlich gearbeitet werden, doch sind längere Lotungsreihen, sowie zoologische und erdmagnetische Beobachtungen vorgenommen worden. Das Hauptresultat ist der Nachweis einer früher vermuteten, letzthin durch die Valdivia-Expedition aber in Abrede gestellten, bis über 4500 m tiefen Rinne zwischen Crozet-Insel und Kerguelen. Während der Fahrt durch die Westwindregion nahmen wir dreimal Aufenthalt, und zwar einen Tag auf Crozet-Insel, einen Monat auf Kerguelen und ein Tag auf Heard-Island. Alle drei Inseln sind unbewohnt, ständig von Stürmen mit Schnee und Regenschauern umtost und jungvulkanischen Ursprungs. Kerguelen und Heard-Island haben Gletscher-Entwicklung.

Bei unserer Ankunft auf Kerguelen hatten die bereits dort anwesenden Mitglieder Dr. Enzensberger, Dr. Luyken und ein Matrose die Station unter den schwierigsten Verhältnissen nahezu vollendet. Wir schieden nach einmonatlichem Aufenthalt von den Mitgliedern der Station, zu denen sich noch Dr. Werth und ein zweiter Matrose gesellt hatten, in der Hoffnung auf eine weitere günstige Entwicklung der Station. Dr. Enzensberger war voller Pläne für die Zukunft, voller Schaffensfreude, Unternehmungslust und Kraft! Etwa 1½ Jahre nach unserer Abreise erkrankte Dr. Werth und später auch Dr. Enzensberger an Beriberi, welcher Krankheit letzterer Anfang Februar 1903 nach schwerem Leiden erliegen musste. Er erfüllte seine Pflicht bis zuletzt mit unermüdlicher Pflichttreue. Was er auf den Kerguelen geleistet, bleibt für ihn das schönste Denkmal! Wir erfuhren seinen Tod in Kapstadt und waren von tiefer Trauer erfüllt.

Am 31. Januar 1902 verliessen wir die Kerguelen und brachen nach dem Süden auf. Ich hatte bei Verteilung der Forschungsgebiete der internationalen Südpolar-Expeditionen aus geographischen Gründen das Gebiet südlich der Kerguelen, also den Indischen Ozean gewählt, da dort ein ernster Vorstoss noch nicht versucht worden war. Das konnte daran liegen, dass dort bereits Land weit nach Norden hinausreichte, es konnte aber auch daran liegen, dass man frühere Versuche nach Süden vorzudringen, vorzeitig aufgab. Über dieses Gebiet herrschten zwei verschiedene Auffassungen; die eine (nach amerikanischer Forschung) setzte dort Land voraus, welches zwischen Knox-Land und Kapstadt etwa in der Breite des Polarkreises verläuft, während Geheimrat v. Neumayer die Ansicht vertrat, dass dort ein eisfreies Meer weit nach Süden reicht, offengehalten durch einen Meeresstrom, der von Kerguelen südlich führt. Ich hatte natürlich mit beiden Auffassungen gerechnet. Wir versuchten zuerst an dem östlichen Ende unseres Arbeitsfeldes vorzudringen und konnten dabei feststellen, dass das von dem Amerikaner Wilkes entdeckte Termination-Land nicht existiert. Dann zogen wir weiter westlich und vom 18. Februar ab südwärts. Dort trafen wir teils Eis, teils Dünung und offenes Meer an und waren voller Hoffnung, an dieser Stelle bis in eine hohe südliche Breite vordringen zu können. Plötzlich kamen wir jedoch in eine Flachsee und loteten, nachdem wir kurz zuvor 3000 m Tiefe hatten, nur 240 m. Wenn wir vom Lande auch nichts bemerkten, so liessen doch die Flachsee, die föhnartigen Winde und das Plankton auf Landnähe schliessen. Plötzlich am Morgen des 21. Februar standen wir vor neuem Land, das wir späterhin „Kaiser Wilhelm II. Land" benannten, das aber vollständig unter Eis begraben war. Wohin man blickte, zeigte die Küste eine hohe senkrechte und unnahbare Eismauer, ähnlich der früher von Ross gefundenen Ross-Mauer. An eine Landung war dort nicht zu denken. Wir beschlossen deshalb, nachdem wir hier einige Untersuchungen über die Unterlage des Eises, sowie Lotungen ausgeführt und Schleppnetze ausgeworfen hatten, den Kurs nach Westen zu setzen, in der Hoffnung, hier die neue Küste verfolgen zu können. Dies sollte uns jedoch nicht vergönnt sein. Wir bemerkten gar bald, dass unsere Bewegungsfreiheit nur noch auf Stunden bemessen war. Immer höher türmten sich die uralten Eisberge um uns auf und verhinderten auch einen Versuch, im Südosten das offene Meer zu erreichen. Dichte Schneestürme und Nebel traten ein und am Morgen des 22. Februar sassen wir endgültig 90 Kilometer von der Küste fest, wo wir ein volles Jahr verblieben. Wenn ich heute das Für und Wider unseres Festkommens betrachte, so kann ich aus voller Überzeugung sagen, dass es eine glückliche Lösung für uns war. Wir hatten dort eine treffliche Station, während weiterhin im offenen Meere an eine Station nicht zu denken gewesen wäre. Wir lagen dort in einer Flachsee mit zahlreichen Untiefen und in verhältnismässig sehr stillem Eise. Auch das Eintreffen in dieser Gegend in einer früheren Jahreszeit hätte nichts genützt und uns keinen günstigeren Liegeplatz verschaffen können.

Nunmehr wurde auf Eisschollen unsere Wissenschaft aufgebaut. Wir errichteten zwei magnetische Observatorien, eine meteorologische Station und eine astronomische Beobachtungshütte. Die grösste Erschwerung unserer dortigen Arbeiten waren die Schneestürme, welche in furchtbarer Gewalt bald Tage, manchmal Wochen lang anhielten und alles verschütteten. Vergebens war es, dagegen anzukämpfen, und mit vielen Mühen wurde der Gauss stellenweise aus dem Schnee ausgegraben. Die Schneestürme dauerten den ganzen Mai und August, während sie im

April, Juni, Juli und September geringer waren. Den schwersten Sturm erlebten wir im Januar. Er dauerte 5 Tage. Nur mit Mühe konnten wir uns an Kabeln von dem Schiffe nach den Observatorien begeben, um die täglichen Ablesungen zu machen.

Im Herbst (Mitte März bis Mitte Mai) und im Frühling (Mitte September bis Mitte Dezember) machten wir unsere Schlittenreisen. Die Benutzung dieser Jahreszeiten war durch die Lage unserer Station bedingt. Der Hochsommer konnte zu Schlittenreisen nicht benutzt werden, weil der „Gauss" nicht verankert lag, sondern von Scholleneis eingeschlossen, das durch das von unten vordringende Meereswasser stark zersetzt war. Die Schlittenreisen hatten überhaupt sehr unter der Ungunst der Witterung zu leiden und wurden dadurch recht schwierig. Ihr Ziel galt der Erforschung des „Gaussberges" (366 m hoch unter 66° 48′ S. Br. und 89° 30′ O. v. Gr.), des Inlandeises und der Küsten. Wohl hätte man weiter nach Süden vordringen und somit vielleicht einen sportlichen Rekord einer höheren Breite erreichen können, doch sahen wir beim Ausblick vom Gaussberg und aus dem Fesselballon, dass auch das südliche Land vollständig vereist und kein freies Land zu erhoffen war. Wir unterliessen es deshalb, vom Gaussberg südlicher vorzudringen und verwandten unsere Zeit auf die uns wichtiger erschienenen wissenschaftlichen Arbeiten. Wir haben auf diesen Schlittenreisen viel des Interessanten beobachten können, so dass sich die dafür verwandte Mühe und Zeit (5 Monate) verlohnt hat.

Der Dezember war der wärmste Monat und während des Januar harrten wir ungeduldig auf die Erlösung aus dem Eise. Durch angestrengte Arbeiten der gesamten Schiffsmannschaft und der Offiziere durch Abgraben, Sägen, Stossen und Sprengen versuchte man das Schiff zu befreien. Doch vergeblich, bis schliesslich am 8. Februar die Natur uns zur Hilfe kam und uns in ganz kurzer Zeit aus dem Eise befreite. Wir nahmen nun sofort den Plan: die Küste des Landes nach Westen hin zu verfolgen, wieder auf, wurden jedoch durch Strömungen immer wieder nach Norden getrieben. Zwei Monate hatten wir noch mit dem Eise zu kämpfen; dann erreichten wir am 16. März die Aussenkante und somit das offene Meer. Wir steuerten wiederum westlich und versuchten dann nochmals, ca. 10 Längengrade von unserem Winterquartier entfernt, nach Süden vorzudringen. Wir hofften von neuem, vor einer Küste oder einer Eisdrift festgelegt zu werden, um dort den zweiten Winter zu verbringen. Was beim ersten Mal unfreiwillig geschah, sollte uns beim zweiten Versuch freiwillig nicht gelingen. Durch Neueis wurde unsere Fahrt gehemmt, und da wir uns hier in tiefem Wasser befanden, trieb uns die Strömung immer wieder nach Norden. In dieser Beziehung lagen unsere Erfahrungen wesentlich anders als bei allen früheren Expeditionen. Wir beschlossen deshalb, am 9. April das Eis zu verlassen und kehrten nach kurzem Aufenthalt auf den Inseln St. Paul und Neu-Amsterdam in 7 Wochen nach Kapstadt zurück.

Die Ergebnisse der Expedition lassen sich erst übersehen, wenn das ganze Material und die umfangreichen Sammlungen bearbeitet sind. Sie sind alle in gutem Zustande heimgebracht worden. Wir sind der festen

Überzeugung, dass der Gauss alles erreicht hat, was zu erreichen war. Wir haben vor allem ein neues Land gefunden und damit eine alte Streitfrage über den Charakter und die Ausdehnung des antarktischen Kontinents um mehr als 10 Längengrade gefördert. Wichtig ist der steile Abfall dieses Landes zu einer Tiefsee, der Bau der veralteten krystallinischen Gesteine, sowie die vulkanischen Gebilde dieses Landes, von dem der Gaussberg durchsetzt ist. Das Inlandeis, das den Kontinent bedeckt, ist ein Gebilde aus der früheren Eiszeit und hatte früher eine noch grössere Ausdehnung, wie dies schon der Gaussberg zeigt. Von Herrn Prof. Dr. Vanhöffen wurden die Meeressäugetiere, die Scharen seltener Vögel und die Formenfülle der kleinen Meerestiere beobachtet und studiert. Die geologischen Untersuchungen wurden von Herrn Dr. Philippi besorgt, während Herr Dr. Bidlingmaier die erdmagnetischen und Dr. Gazert die meteorologischen Arbeiten ausführte.

Wichtig ist vor allem die Tatsache, dass sich die verschiedensten Kräfte und Bestrebungen des Vaterlandes: die Technik, die Schiffahrt, die Industrie und die Wissenschaft in der Expedition vereinigt haben, um sich an einer ganz neuen Aufgabe in einem grossen unbekannten Gebiete zu erproben. Es ist eine Kette von wichtigen Erfahrungen gesammelt worden!

Während des Vortrages zeigte der Redner eine Reihe hochinteressanter, charakteristischer Lichtbilder und erläuterte dieselben.

Die sehr zahlreich erschienenen Mitglieder zollten dem Redner am Schlusse für die lebhaft vorgetragenen Schilderungen lauten Beifall.

Nach der Sitzung vereinigten sich die Mitglieder zu Ehren der Gäste zu einer geselligen Vereinigung im Grundsteinkeller des Ratsweinkellers.

282. Sitzung. 3. März 1904.

Vorsitzender: Herr Bürgermeister Dr. Mönckeberg.

Zunächst wird die vom Kassierer der Gesellschaft, Herrn Senator Westphal, aufgestellte und von den Herren Revisoren für richtig befundene Abrechnung pro 1903 (siehe S. 34) der Versammlung mitgeteilt und von ihr genehmigt. Nach Erledigung sonstiger geschäftlicher Angelegenheiten und Besprechung eingegangener literarischer Geschenke hält sodann Herr Dr. *Georg Wegener* den angekündigten Vortrag über Tibet, Lhassa und den Dalai-lama. Redner führt ungefähr folgendes aus:

Während sich sukzessive alle asiatischen Länder dem Europäer geöffnet haben, ist es Tibet bisher gelungen, sich seine Abgeschlossenheit zu bewahren. Dies wird jetzt, wo die Engländer von Indien aus auf dem Vormarsch gegen Lhassa begriffen sind, voraussichtlich anders werden und damit dies seit Jahrhunderten von Geheimnissen umwobene zentralasiatische Gebiet an Zauber und Reiz verlieren. Es dürfte daher zur Zeit angezeigt erscheinen, einmal innerhalb des Rahmens eines Vortrages in grossen Zügen dasjenige zusammenzufassen, was über Tibet, seine Hauptstadt Lhassa und seinen Kirchenfürsten, den Dalai-lama bisher bekannt geworden ist.

Die Abgeschlossenheit Tibets hat seinen Grund vornehmlich in der geographischen Gestaltung des Landes. Wie ein mächtiges Kastell ragt das tibetische Hochland aus dem asiatischen Kontinent hervor. Schon den Indern des Altertums war diese auffallende Formation des Landes zum Bewusstsein gekommen. Nach ihrer mythologischen Weltanschauung hat die Erde die Gestalt einer Lotosblume, die auf den Wellen des Weltmeeres schwimmt. Inmitten der Blütenblätter steigt der majestätische Fruchtknoten, der heilige Berg Meru empor. Von seiner Höhe rauschen die Hauptflüsse der Erde hernieder und auf seinem Gipfel breiten sich von glückseligen Genien bewohnte paradiesische Gefilde aus.

In der Tat sind die südlichen Ketten des Himalaya majestätisch schön; von den nördlichen Gebieten lässt sich dies indessen keineswegs behaupten. Hier herrscht die wasserarme zentralasiatische, meist aus Wüsten und Steppen bestehende Landschaft vor, und trotz alledem ist dies Gebiet für Millionen von Menschen geweihter Boden und seine Hauptstadt Lhassa, die Hochburg des Lamaismus, ihr Wallfahrtsort.

Tibet ist an allen Seiten von mächtigen Gebirgen umgeben. Im Süden wird es von den schneebedeckten Bergriesen des Himalaya begrenzt. Auch im Südosten bilden steile Gebirgszüge, in welche sich zahlreiche Flussläufe tief eingesägt haben, einen schroffen Grenzwall. Im Norden wird Tibet vom Kwen-lun-Gebirge, welches sich vom Pamir bis tief nach China hinein erstreckt, abgeschlossen. Seine, trotz der beträchtlichen Höhe (6 –7000 m) flachen Wellen gleichenden Gebirgszüge, sind die Ruinen uralter, einst noch viel höherer Gebirge, deren Hänge mit Schutt beladen sind. Seine meist 4—5000 m hohen Pässe sind leicht passierbar; sie führen gen Süden in das denkbar unwirtlichste Steppengebiet mit zahlreichen Salzseen und ausgetrockneten Flussläufen. Monatelang begegnet man hier keinem menschlichen Wesen, während zahlreiche Antilopen, Yaks, Wildesel etc. die Öde beleben.

Der Osten Tibets ist das Gebiet einer Reihe grosser Flüsse (Hoangho, Yang-tsze-kiang, Mekong etc.), die hier dicht nebeneinander gedrängt sind und zwischen denen sich dann auf schmaler Basis die Bergketten zu ungeheuren Steilwänden emportürmen.

Der Sitz des tibetischen Staates liegt im Süden und Südosten des inneren Hochlandes. Hier fliesst gen Osten in einem breiten Hochtal der Hauptstrom des Landes, der Sang-po, der später, nachdem er den Himalaya durchbrochen, zum Brahmaputra Indiens wird. An seinen Ufern liegen die Städte Dschangladsche, Schigatse, Tschetang. An einem von Norden her in den Sang-po mündenden Nebenflusse, dem Kitschu, liegt in 3360 m Höhe die Hauptstadt des Landes: das viel und von Europäern meist vergeblich erstrebte Lhassa i. e. „Göttersitz". Die ständige Einwohnerzahl der Stadt Lhassa wird auf 30000 geschätzt, von denen nicht weniger als 18000 in der Umgebung lebende Mönche sein sollen. Lhassa liegt in einem breiten, kesselförmigen Tal inmitten üppiger Vegetation und einer Fülle herrlicher hundertjähriger Bäume. Die Hauptstrassen sind sauber und freundlich, die Häuser stets frisch geweisst. Im Zentrum der Stadt liegt ein grosser Buddha-Tempel mit einem Dach von angeblich solid goldenen Platten, ein geweihter Ort für

Pilger, die hier Blumen opfern, deren eigentliches Ziel aber der 1½ km im Westen gelegene Berg Potala ist. Er, das heilige Zentrum der Tibeter, ist ein isolierter, steiler, etwa 100 m hoher Felsrücken, der seit Jahrhunderten auf seinem Gipfel die Wohnung des Dalai-lama in Gestalt mächtiger, burgartiger Kloster-, Palast- und Tempelbauten mit angeblich 10 000 Zimmern trägt. In den Strassen Lhassas herrscht ein lebhafter Verkehr, der im Dezember, zur Zeit der grossen Messe, seinen Höhepunkt erreicht. Neben den Tibetern sind hier dann auch andere asiatische Völker zahlreich vertreten, um Handel mit Wollstoffen, Essschalen, Gerätschaften für den Klerus u. s. w. zu treiben. Seit 1720, seit Tibet an China angegliedert ist, leben in Lhassa zwei chinesische Residenten, welche Tibet nach den Instruktionen des Pekinger Hofes nach aussen zu vertreten haben. Das lebhafte Interesse, welches China an seinem Tributärstaat Tibet nimmt, spiegelt sich ab in den wertvollen Geschenken Chinas an Tibet, die den an China zu zahlenden Tribut weit übertreffen sollen.

Die Tibeter werden gewöhnlich der mongolischen Rasse zugerechnet, doch scheint es, als ob verschiedene Bestandteile in sie aufgegangen sind. Das niedere Volk gilt für hässlich, in den vornehmeren Ständen begegnet man oft feinen Gesichtern mit fast weisser Hautfarbe. Die Kultur des Volkes gründet sich in den höheren Teilen des Landes auf Viehzucht, in den tiefer gelegenen Tälern auf den Ackerbau. Infolgedessen ist das Volk im grossen und ganzen ärmlich und sind seine materiellen Bedürfnisse bescheiden. Jedoch wird von allen Reisenden ihre natürliche Heiterkeit und Gastfreundschaft rühmend hervorgehoben. Ihr abwehrendes Verhalten und die Absperrung ihres Landes gegen Europäer ist auf den Befehl ihres chinesischen Gebieters und der Geistlichkeit ihres Landes zurückzuführen, welch' letztere die Bevölkerung durch geistliche Bevormundung gefesselt hält.

Die tibetische Religion ist eine Abart des in Indien entstandenen Buddhismus; man benennt sie gemeiniglich Lamaismus (lama = der höhere, der Priester). Der Lamaismus hat die urspüngliche Lehre Buddhas in ihr direktes Gegenteil verwandelt. Er leitet die Seelen des Volkes mit absoluter Vormundschaft und befriedigt seine religiösen Bedürfnisse durch ein ausgebildetes System äusserer Formen. Ihr eigentliches Gepräge bekam die tibetische Hierachie durch den grossen Reformator Tsongkaba (1358—1419). Wie Buddha selbst soll auch er von einer Jungfrau geboren sein. Er lebt unsterblich fort in der Gestalt des Teschu-lamas in dem Kloster Teschu-lumbo, nahe der Stadt Schigatse. Aber trotz der grossen Verehrung, die er geniesst, gilt er doch nur als die zweithöchste Gottheit; die erste Stelle nimmt unbedingt der Dalai-lama in Lhassa ein. Seine Erhöhung über die anderen lebenden Heiligen hat Tibet in den heutigen zentralisierten Priesterstaat verwandelt. Das dortige Mönchswesen ähnelt dem europäischen. Ehelosigkeit, Tragen der Tonsur und Kutte etc. ist Gesetz.

Das Oberhaupt des Lamaismus, der Dalai-lama ist unsterblich, allwissend, allgütig; in kindlicher Hingebung lässt sich das Volk von ihm leiten. Ein wesentlicher Unterschied zwischen ihm und dem römischen Papst besteht darin, dass ersterer stets als neugeborenes Kind, letzterer im reifen Mannesalter erwählt wird. Die Neuwahl des Dalai-lama ähnelt insofern dem römischen Konklave, als sich nach dem Tode eines solchen die Kirchenfürsten 7 Tage lang in einem Tempel Potalas einschliessen, um zu fasten und die Götter anzurufen. Am 7. Tage wird durch das Los aus einer gewissen Anzahl Kinder der Nachfolger herausgefunden. — Der jetzige Dalai-lama wurde von Sarat Tschandra Das, der im Jahre 1882 in Audienz empfangen wurde, damals auf 8 Jahre geschätzt.

Die Residenz des Dalai-lama, der Berg Potala, erhebt sich bizarr aber grossartig im Westen der Stadt aus der Ebene empor. Die erste Zeichnung des Berges, die uns überliefert worden ist, stammt von einem Deutschen, dem Jesuitenpater Gruber aus Linz, welcher Lhassa 1661 zusammen mit Pater d'Orville besuchte; jetzt besitzen wir sogar Photographien von Potala. Auch ist uns durch den indischen Punditen A—K— ein Stadtplan von Lhassa aus dem Jahre 1878—79 übermittelt worden, der vor wenigen Tagen durch einen detaillierten Plan des Kolonel Waddell*) zeitgemässe Ergänzungen gefunden hat. — Alles in allem müssen wir Dr. Sven v. Hedin beipflichten, dass wir zur Zeit über das sagenumwobene Lhassa besser unterrichtet sind als über manche grössere Stadt Asiens.

Schon 1330 wurde Lhassa von Odorico von Pordenone erreicht. Im Jahre 1661 gelangten die Jesuitenväter Gruber und d'Orville, 1730 Horatio della Penna und van de Putte dorthin. Als 1720 Tibet unter Chinas Oberhoheit fiel, da wurden die Missionare am Hofe zu Peking zunächst wohl gelitten, aber bald, in Ungnade gefallen, aus China und Tibet vertrieben. Seit 1760 haben nur drei Europäer Lhassa erreichen können. Im Jahre 1811 kam der englische Arzt Manning dorthin. Sein Reisebericht gelangte erst vor etwa 30 Jahren zur Publikation. Dann sind im Jahre 1846 die beiden Lazaristen-Missionare Gabet und Huc mit einer mongolischen Pilgerkarawane von Nordosten aus in das Weichbild von Lhassa gekommen. Huc hat uns eine schriftstellerisch glänzende Schilderung seines sechswöchentlichen Aufenthalts daselbst gegeben. Seitdem ist die Abschliessung noch strenger gehandhabt worden. Die Pässe von Indien her werden von Tibet, die Zugänge von Osten her von China streng bewacht. Nur gegen Westen und Norden haben die Absperrungs-Massregeln nicht streng durchgeführt werden können und aus diesen Richtungen gelang es Männern wie Prschewalski, Littledale, Rockhill, Prince Henri d'Orleans, Sven Hedin u. a. m. weit ins Innere vorzudringen. Aber stets wiederholte sich bei ihnen derselbe Vorgang, dass dicht vor Lhassa hohe Würdenträger mit bewaffneter Macht ihnen entgegenritten und sie in der höflichsten aber gleichzeitig ernstesten Weise zur Rückkehr gen Norden, Osten oder Westen zwangen. Trotz alledem haben die Tibeter eine wissenschaftliche Erforschung ihres Landes nicht verhindern können, denn nur für Europäer gilt das Verbot. Asiaten steht Tibet offen. Dies haben denn auch die Engländer in kluger Weise auszunutzen verstanden, indem sie begabte Hindus für Routen-Aufnahmen und wissenschaftliche Aufzeichnungen aller Art

*) Geographical Journal, March 1904.

ausbilden liessen und sie als Pilger verkleidet oder als Mitglieder der Handelskarawanen in das verschlossene Land entsandten. Diese Leute, Pundits genannt, haben uns denn auch die wertvollste Kunde heimgebracht. Drei von ihnen verdienen besonders hervorgehoben zu werden; es sind Nain Singh (1866 und 1873), Kischer Singh (in der Literatur unter Pundit A—K— bekannt) und Sarat Tschandra Das. Auch dem Japaner Kawagantsi ist es 1900 geglückt, von Nepal her Lhassa zu erreichen und dort 1½ Jahre zu bleiben. Als letzter mit reichen Sammlungen vor kurzem aus Lhassa nach St. Petersburg heimgekehrter Forscher verdient endlich der Burjäte Tsybikoff genannt zu werden. Schliesslich sei noch der missglückten Versuche des Hamburgischen Reiseschriftstellers Otto Ehlers und des Engländers Landor von Indien aus nach Lhassa vorzudringen, Erwähnung getan.

Es steht zu hoffen und zu wünschen, dass zur Zeit, wo die Engländer sich anschicken, mit bewaffneter Macht den Zugang zu Tibet von Indien aus zu erzwingen, die Gelegenheit benutzt werde, unsere Kenntnis von dem verschlossenen Lande unter Wahrung der Pietät vor berechtigten Eigentümlichkeiten und mit Verständnis für die kulturhistorisch merkwürdige Stadt Lhassa nach allen Richtungen hin zu erweitern.

Der zweistündige, allseitig mit Beifall entgegengenommene Vortrag wurde durch Kartenmaterial und wirkungsvolle Wandbilder illustriert. Auch hatte die Hamburger Firma J. F. G. Umlauff in dankenswerter Weise eine Anzahl seltener, von einem englischen Missionar gesammelter ethnographischer Gegenstände, sowie eine treu modellierte, mit echten tibetanischen Stoffen bekleidete und mit der originellen tibetanischen Gebettrommel bewaffnete lebensgrosse Figur eines Lama im Hörsaale ausgestellt.

283. Sitzung. 7. April 1904.

Vorsitzender: Herr Bürgermeister Dr. Mönckeberg.

Nach Erledigung einiger geschäftlicher Angelegenheiten hält Herr Dr. *H. Michow* den angekündigten Vortrag: Waldseemüller's Karte von 1507, der Taufschein Amerikas, neuerdings aufgefunden. Redner legt den vor kurzem mit Unterstützung der Kaiserl. Akademie der Wissenschaften in Wien von Prof. Jos. Fischer und Prof. Fr. R. v. Wieser herausgegebenen Facsimile-Druck der vor zwei Jahren auf Schloss Wolfegg in Württemberg aufgefundenen »Ältesten Karte mit dem Namen Amerika aus dem Jahre 1507« und die Carta Marina aus dem Jahre 1516 des M. Waldseemüller (Itacomilus) vor und erläutert einige Einzelheiten derselben mit Hilfe von Lichtbildern. Die Weltkarte Waldseemüllers von 1507 besitzt besonders aktuelles Interesse infolge des Umstandes, dass auf ihr die neue Welt zum ersten Male mit dem Namen Amerika bezeichnet erscheint. Der Hauptsache nach entspricht die Karte Ptolemäischen Vorstellungen, so in der Lage des durch die Sahara gezogenen Äquators und in der Gestalt Vorderindiens, das noch nicht als weit vorspringende Halbinsel erkannt ist. Die Carta Marina vom

Jahre 1516 ist den Seekarten der Portugiesen nachgebildet; auf ihr ist alles eingetragen, was sich aus diesen Karten ergab, so auch die andere Lage des Äquators und die Halbinselgestalt Vorderindiens.

Im Verlauf seines Vortrages legt der Vortragende ausserdem zur Erläuterung eine Reihe anderer Werke der damaligen Zeit vor, u. a. Waldseemüllers Globus von 1507 und den ihm nachgebildeten Globus Appians von 1520, ferner Amerigo Vespuccis Bericht über seine Reisen, der Waldseemüller dazu begeisterte, die neuen Länder nach diesem Seefahrer zu benennen. Während Vespucci sich hierin die Entdekung gleichsam einer neuen Welt zuschrieb, hat Columbus über seine Reisen nur einen kleinen Brief »de Insulis inventis« veröffentlicht (gleichfalls vom Vortragenden vorgelegt), sodass nicht zu verwundern ist, dass dem mehr Reklame machenden Amerigo, dessen Ruhm seine Freunde mit Eifer verbreiteten, die Ehre des Gevatterstehens zufiel.

Sodann trägt Herr Prof. Dr. *Klussmann* unter Vorführung einer Reihe von Lichtbildern über Attika vor, das ihm durch längeren Aufenthalt in Griechenland bekannt und vertraut geworden ist; Athen blieb ausgeschlossen.

Attika ist von der Natur scharf charakterisiert: als östlichster Vorsprung der griechischen Küste hält es die Mitte zwischen Kontinent und Inselwelt und vereinigt auf engstem Raum alle Eigenschaften, die griechischen Landschaften eigentümlich sind. Mit dem Festlande ist es durch den Kithäron und den Parness verbunden, die in westöstlicher Richtung streichen und im Osten in einem zerrissenen Hügellande enden, durch welches die für Athens Verpflegung wichtige Strasse nach Euböa führte. Der Pentelikon, dessen Gipfel einem Tempelgiebel gleicht, streicht von NW nach SO. Heute noch wird wie im Altertum seit der Zeit des Perikles schneeweisser Marmor in ihm in solchen Mengen gebrochen, dass die Marmorbrüche in ihrer dunklen Umrahmung schon von weither sichtbar werden. Senkrecht steht auf ihm, durch eine breite Einsattelung getrennt, der nach Osten und Westen steil abfallende gewölbte Gebirgswall des Hymettos. Ihm parallel, aber viel niedriger als jeder dieser drei Gebirgszüge, ist der Höhenrücken des Korydallos mit dem Dafnepass.

Zwischen oder neben diesen Gebirgen liegen ebenso viele Ebenen, die Mesogaia zwischen dem Hymettos und der östlichen Küste, aber durch eine niedrige Hügelkette von ihr geschieden, ein fruchtbares »Binnenland« jüngster geologischer Formation; dann durch den Korydallos kaum von einander getrennt zwei Zwillingsebenen, die eleusinische an der gleichnamigen Bucht, und die vom Kephissos und Ilissos durchzogene Ebene von Athen, als grösstes und für Attikas Entwickelung wichtigstes Flachland auch kurzweg »die Ebene« genannt. Am östlichen Gestade liegt die Ebene von Marathon, aus deren Fläche sich der Hügel erhebt, welcher die Reste der gegen die Perser gefallenen Athener birgt.

Wie fast jede griechische Landschaft, baut sich auch das attische Land in drei Stufen, vom Meere zur Ebene, von der Ebene zum Gebirge auf, und jede dieser Stufen trägt ihre besondere Vegetation. Am Meeresstrande finden wir die Region der Riedgräser, der Disteln und des Asphodelos, darüber die Kulturzone der Ebenen mit ihren Getreidefeldern, Weinpflanzungen, Feigen- und Ölbaumbeständen; an den Flüssen Pappeln,

Platanen und Oleander. Es folgt die Region der Hügel und Vorberge mit immergrünen Sträuchern und Gebüschwäldern. Reste des Hochwaldes und einzelne Bestände von Abies Apollinis finden sich noch in den oberen Schluchtwäldern des Parness. Schon im Altertum ist der einst recht bedeutende Waldbestand gelichtet worden; schon Plato klagte, der einst dichtbewaldete Hymettos gleiche dem Knochengerüste eines abgemagerten Menschen. Am »Kolonos«, dessen parkähnliche Umgebung der Chor im sophokleischen Drama preist, ist der Sang der Nachtigallen schon längst verstummt, und die Umgebung des Hügels ist in ein dürres Feld verwandelt, aber noch zieht von Kephissia bis zum Meere hinab ein Ölbaumwald von ungefähr 20 000 Stämmen, gespeist wie früher durch ein kunstvoll aus dem Kephissos, dem »Gartenflusse«, abgeleitetes Kanalnetz. Noch heute ist Kephissia mit seinen schönen Parks und den kühlenden, vom Pentelikon herabströmenden Bächen, wie zu den Zeiten des Herodes Atticus die Sommerfrische der Athener. Was sich aus der klimatisch so bevorzugten, aber leider auch arg verwahrlosten Gegend machen lässt, beweist am besten der vortreffliche Stand des königlichen Gutes in Tatoi am Fusse des Parness bei dem Passe von Dekeleia, wo dänische Landwirte, Forstbeamte und Ingenieure aus einer trostlosen Wildnis eine Musterwirtschaft geschaffen haben, die jetzt den Neid der Griechen erregt. Während sonst in Attika die Pinienwälder langsam dahinsiechen, weil man ihnen unrationell das zur Erhaltung des Weines erforderliche Harz entzieht, glaubt man sich in Tatoi mitten in die Vorberge des Schwarzwaldes versetzt.

Die festangesiedelten, nichtstädtischen Bewohner der Halbinsel sind Albanesen; sie treiben Ackerbau und Weinzucht. Die Viehzucht (Kühe giebt es so gut wie garnicht, nur Schafe und Ziegen) liegt in den Händen der nomadisierenden Vlachen. Ein Hirt einer vereinten Herde treibt die Ziegen morgens und abends nach Athen und dort auf Verlangen auch in die oberen Stockwerke. Alle Ziegen tragen in der Stadt, um die Anpflanzungen zu sichern, Beisskörbe. Im Gebirge wohnen die Vlachen in Reisighütten, welche eine Dornenhecke umgiebt. Sie sind gutherzige und gastfreie Menschen; gefährlich sind allein ihre grossen, wolfsähnlichen Hunde.

284. Sitzung. 5. Mai 1904.

Vorsitzender: Herr Bürgermeister Dr. Mönckeberg.

Der Vorsitzende gedenkt zunächst des leider kürzlich in Marokko ermordeten Dr. Siegfried Genthe. Er war der Sohn des früheren Direktors des Wilhelmgymnasiums und somit unser engerer Landsmann. Die Geographische Gesellschaft hat ihn am 5. Juni 1902 als Gast in ihrer Mitte gesehen und von ihm einen Bericht über seinen Aufenthalt in Ostasien, speziell in Port Arthur und Dalnij gehört. Genthe war 1870 in Berlin geboren. Nach Absolvierung des Hamburger Wilhelmgymnasiums widmete er sich dem Studium der Geographie und Geologie und promovierte in Marburg bei Prof. Theobald Fischer mit einer Monographie über den Persischen Golf. Schon als Student trieb ihn die Reiselust in die Welt hinaus. Er folgte der Einladung eines gleichaltrigen Maharadscha, den er in Deutschland kennen gelernt hatte, nach Indien und lebte an dessen Hof am Fusse des Himalaya ein volles Jahr. 1898 trat Genthe in die Dienste der Kölnischen Zeitung und war mehrere Jahre lang deren Vertreter in Washington. Er machte dann in ihrem Auftrage eine Reise nach Samoa, begleitete ferner 1900 das deutsche Expeditionskorps nach China, durchstreifte Korea und die Mandschurei und kehrte 1902 mit der transbaikalischen Eisenbahn nach Deutschland zurück. Im verwichenen Jahre, als der Aufstand des Bu Hamara die Blicke der Welt auf die Nordwest-Ecke Afrikas lenkte, machte sich Genthe auf den Weg nach Marokko. In Fez, kurz vor seiner geplanten Rückkehr nach Europa, hat der erst 33jährige vielversprechende Forscher sein Leben durch Mörderhand eingebüsst. Sein Leichnam soll in Arish beerdigt sein.

Sodann hält Herr Lic. theol. *Hackmann* einen Vortrag über das südwestliche China, insbesondere die Gebiete der sogenannten Ureinwohner (Lolo, Mosso), auf Grund eigener Reisen und Beobachtungen. Das Land, um das es sich handelt, wird vom oberen Yang-tsze-kiang durchflossen und bildet den südwestlichen Teil der chinesischen Provinz Szetschuan und den nördlichen der Provinz Yünnan. Im Westen grenzt es an Tibet und Birma. Es gehört zu den merkwürdigsten Teilen Asiens, und es muss auffallen, dass ihm bei den vielen ausgedehnten Forschungsreisen der Jetztzeit bisher so wenig Beachtung geschenkt worden ist. Ein Interesse an seiner Erschliessung haben in erster Linie England und Frankreich, die ihm in Birma und Tonking benachbart sind. Von besonderer Wichtigkeit ist für sie die Frage, ob es einen brauchbaren Handelsweg aus diesem südwestlichen China durch ihre Kolonien an das Meer giebt. Der Vortragende giebt nun einen Überblick über die wenigen französischen und englischen Expeditionen, welche in der Zeit von 1866—83 das Gebiet zum Teil nur berührt haben, zum Teil auch tiefer hineingedrungen sind, und geht dann zur geographischen Charakterisierung des Landes über.

Es ist der östlichste Teil des tibetanischen Hochlandes, das weit über die politische Grenze Tibets hinausgreift. Die Pässe liegen zwischen 2000 und 5000 m, weite Strecken tragen Gipfel mit ewigem Schnee, und es sind Höhen bekannt, die 7000 m überragen. Nach Süden läuft das Hochland in einzelne Ketten aus, die durch steilwandige Täler von einander getrennt sind, sodass das Reisen in diesen Gegenden aus einem ewigen Hinauf- und Hinabklettern besteht. Die Ströme, welche einen starken Wechsel im Wassergehalt zeigen, sind der Schnellen und Klippen wegen nicht auf weite Strecken befahrbar. Diese schöne Gebirgswelt zeigt ausgedehnte Gebiete herrlichen Urwaldes, besonders im Süden, während sich im Norden nicht wenig Weideland hinzugesellt.

Um sich über den ethnologischen Charakter der Gegend zu orientieren, muss man sich zunächst klar machen, dass drei fremde Völkergruppen mit ihrer besonderen Kultur von verschiedenen Seiten eingedrungen sind: die Tibetaner, die birmesischen Shanstämme und die chinesische Bevölkerung. Diese hat erst zur Zeit der Yüen-Dynastie (1280—1367) das Land stärker besiedelt.

Nach Absonderung dieser drei ethnologischen Elemente bleiben nun noch die „Ureinwohner" übrig. Die Bezeichnung ist nur relativ zu verstehen; die Chinesen haben diese Einwohner bei ihrem Vordringen in diese Gegenden vorgefunden. Ob ihr Dasein hier in sehr alte Zeit zurückgeht, bleibt eine offene Frage. Es ist nicht gesagt, dass sie einheitlich sind, und es ist sehr wahrscheinlich, dass verschiedene Schichten von „Urbevölkerung" vorliegen. Man muss dabei im Auge behalten, dass derartige Urbevölkerung weite Strecken auch mittelchinesischer Provinzen einnimmt. Kueitschou, Kuangsi, Kuangtung, Hunan, auch Fukien haben ihre wissenschaftlich grösstenteils so gut wie unbekannten Reste von Urbevölkerung.

Unter den Ureinwohnern unseres Gebietes spielen nun die Lolo die hervorragendste Rolle. Sie ziehen sich vom Tung-Fluss durch ganz West-Szetschuan und tief nach Yünnan hinein, wo sie die früher hier weiter nördlich wohnenden Shanstämme sehr nach Süden gedrängt haben sollen. Eine andere wichtige Gruppe der Ureinwohner, von den Lolo zu unterscheiden, und doch weder den Tibetanern noch den Shan verwandt, sind die Mosso. Sie nehmen einen grossen Teil der nordwestlichen Ecke von Yünnan ein. Diese beiden Volksstämme hat der Vortragende auf seiner Reise näher kennen gelernt.

Nachdem der Redner nun zunächst an der Hand eines Tagebuchs einen anschaulichen Bericht über diese Reise gegeben, das Überschreiten des 13 000 Fuss hohen Yachiapasses, der eine wundervolle Aussicht auf die Schnee- und Eiswelt bietet, geschildert, ferner die Weiterreise auf bisher von Europäern nicht begangenen Pfaden von Tzutati nach Mienning, das Zusammentreffen mit Lolo- und später mit Mossoleuten u. s. w. dargestellt hatte, ging er zu einer zusammenfassenden Charakterisierung der Lolo über. Wahrscheinlich sind diese kein mongolischer Stamm, sondern gehören vielleicht zur europäischen Gruppe. Doch ist das eine noch kaum angeschnittene Frage. Im Durchschnitt von höherem Wuchs als die ihnen benachbarten Chinesen und Tibetaner, zeigen die Lolo eine gerade und stolze Haltung; wenn auch muskulös, so sind sie als Bergvolk doch mager. Das Gesicht ist bei den Männern rotbraun, bei den Frauen heller, oft weiss. Bei ovaler Form weist es angenehme Züge und kaukasisch geformte dunkle Augen auf. Die Backenknochen treten nicht hervor, die nicht eben grosse Nase ist regelmässig, oft gebogen. Bartwuchs fehlt, das Haupthaar wird bei den Männern zu einer Art Horn auf dem Vorderkopf zusammengedreht und oft mit einer Art Turban umwickelt; dieses Horn wird als Stammzeichen hochgehalten. Die Frauen flechten das Haar und legen die Flechten um den Kopf.

Die Kleidung der Männer besteht aus einer Jacke, einer kürzeren oder längeren Hose und einem Mantel aus Schafwolle. Die Frauen tragen Jacken und mit senkrechten Falten verzierte Röcke, die bis auf die Füsse herabgehen, auf dem Kopfe häufig ein eckig gefaltetes Tuch. Vornehmere tragen Silberschmuck um den Hals und an den Armen.

Die Lolo unterscheiden bei sich — abgesehen von ihren Sklaven — zwei Rangklassen, die höherstehenden „Schwarzknochen" und die „Weissknochen". Sie werden von ihren eigenen Häuptlingen regiert, und es ist hervorzuheben, dass die Chinesen in keiner Weise eine wirkliche Oberherrschaft über sie ausüben. Vielmehr haben diese von dem räuberischen Bergvolke ausserordentlich zu leiden und zeigen einen heillosen Respekt vor ihm. Die Sklaven der Lolo sind grösstenteils Chinesen, die sie auf ihren Raubzügen gefangen haben. Ein Connubium mit Chinesen ist vollkommen ausgeschlossen. Bemerkenswert ist das hohe Ansehen und die Achtung, welche ihre eigenen Frauen bei ihnen geniessen. Der Buddhismus hat bei ihnen keinen Eingang gefunden. Ihre Religion ist eine Art Geisterkult. Eine Schriftsprache ist vorhanden und scheint in Anlehnung an altchinesische Zeichen entstanden zu sein.

Das andere Volk, die Mosso, sind jedenfalls von den Lolo zu trennen. Ihr Typus ist mehr mongolisch. Ihre Schriftsprache ist tibetanisch, ihre Religion der Lamaismus, d. h. der tibetanische Buddhismus, doch bildet dieser vielleicht nur einen leichten Firnis, wie auch die chinesisch-tavistischen Bildchen in einigen Hütten anderseitige Beeinflussung zeigen.

Kassa-Bilanz für 1903.

Einnahme:

I.	Saldo von 1902			
	Bank-Saldo vom 31. Dez. 1902	M. 218.47		
	Kassa-Saldo » » » » »	19.01		
			M. 237.48	
II.	Staats-Subvention für 1903		» 5000.—	
III.	Rück-Prämie der Gothaer Feuer-Vers.-Bank		» 28.10	
IV.	Zinsen, halbjährlich auf M. 11 000 Hamb. Staatsrente à $3\frac{1}{2}$ % p. a.		» 385.—	
	Bankzinsen		» 25.27	
V.	Mitgliederbeiträge:			
	613 Mitglieder à M. 12.— ...	M. 7356.—		
	8 » » » 6.— ..	» 48.—		
			» 7404.—	
VI.	512 Festkarten zum 30jährigen Stiftungsfest à M. 6.—		» 3072.—	
	Vergütung von G. H. Wehber & Co. für 109 zurückgelieferte leere Flaschen ...		» 7.63	
				M. 16 159.48

Ausgabe:

I.	Drucksachen etc.		
	Restausgaben (Buchbinderrechnung für die Mitteilungen Bd. XVIII)	M. 196.40	
	Für die Mitteilungen Bd. XIX	» 2922.05	
	Für die Mitteilungen Bd. XX (Lichtpausen)	» 13.90	
	Sonstige Drucksachen	» 346.40	
			M. 3 478.75
II.	Für die Monatssitzungen u. Vorträge..............		» 1 413.50
III.	Für die Bibliothek (Binden u. Anschaffungen)		» 499.70
IV.	Verwaltung		» 3 768.77
V.	Beitrag zur „von Richthofen-Stiftung" ...	M 100.—	
	Beitrag zum XIV. Deutschen Geographentag	» 15.—	
	Goldene Kirchenpauer-Medaille für Dr. Sven v. Hedin	» 388.50	
		M. 503.50	

	Transp. ℳ.	503.50	
Dr. L. Friederichsen, Vertretung beim 75. Stiftungsfeste der Berliner Gesellschaft für Erdkunde	»	96.10	
Dr. Max Friederichsen, Vertretung beim Kölner Geographentag	»	166.40	
Blumenschmuck für den Sarg des Ehrenmitgliedes Geh. Hofrat Dr. Sophus Ruge in Dresden	»	27.10	
		ℳ.	793.10
VI. Unkosten des 30jährigen Stiftungsfestes		»	3 187.69
VII. Bank- und Kassa-Saldo auf 1904		»	3 017.97
		ℳ.	16 159.48

Vermögensbestand Ende 1903.

3 Stück Hamb. Staatsrente à $3\frac{1}{2}$ % p. a. ℳ. 6000, s. Zt. gekauft à $102\frac{1}{8}$	ℳ.	6 127.50	
6 Stück dito ℳ. 5000, s. Zt. gekauft à $103\frac{5}{8}$ ..	»	5 181.25	
Fällige Zinsen auf vorstehende ℳ. 11 000 vom 1. Aug. bis 31. Dez. 1903 = 5 Monat à $3\frac{1}{2}$ % p. a.	»	160.42	
		ℳ.	11 469.17
Bank- und Kassa-Saldo am 31. Dez. 1903		»	3 017.97
		ℳ.	14 487.14

Mitglieder-Verzeichnis Ende 1903.

Vorstand.

Präsident: Bürgermeister Dr. **J. G. Mönckeberg.**
Vice-Präsident: Senator **H. Roscher.**
Erster Sekretär: Dr. **L. Friederichsen.**
Zweiter Sekretär: Admiralitätsrat **C. Koldewey.**
Kassierer: Senator **Otto E. Westphal.**
Dr. med. **W. Oehrens.**
Dr. **Joh. Ad. Repsold.**

Wissenschaftlicher Assistent des Vorstandes bis 1. Oktober 1903: Dr. **Max Friederichsen.**

Revisoren.

G. H. Blohm.
Konsul **F. Hernsheim.**

Beirat.

G. H. Blohm.
Landgerichtsdirektor Dr. iur. **H. Föhring.**
Professor Dr. **Carl Gottsche.**
Konsul **F. Hernsheim.**
Dr. phil. **H. Michow.**
Dr. **G. Schott.**
Gustav W. Tietgens.
Senator Dr. phil. **Heinr. Traun.**
Direktor Prof. **W. Wegehaupt.**
J. Witt.

Inhaber der Kirchenpauer-Medaille.

a. Goldene Medaille:

Bürgermeister Dr. **G. Kirchenpauer** (Hamburg), gestorben 3. März 1887.
Dr. med. **G. Adolf Fischer** (Barmen), gestorben 11. Nov. 1886.
Wirkl. Geheimer Rat Prof. Dr. **G. von Neumayer,** Excellenz (Neustadt a. d. Haardt), seit 21. Juni 1896.
Dr. phil. **L. Friederichsen** (Hamburg), seit 6. März 1898.
Dr. phil. **Sven von Hedin** (Stockholm), seit 12 Februar 1903.

b. Silberne Medaille:

Geh. Regierungsrat Dr. **Franz Stuhlmann** (Daressalam), seit 7. März 1895.
Prof. Dr. **Wilhelm Sievers** (Giessen), seit 6. März 1898.

I. Ehrenmitglieder.

Andree, Richard, Prof. Dr. phil., München .... seit 1. Mai 1886.
Bastian, A., Geh. Regierungsrat Prof. Dr. phil., Berlin .... » 7. » 1874.
Fischer, Theobald, Geh. Regierungsrat Prof. Dr. phil., Marburg » 6. März 1898.
Kirchhoff, Alfred, Geh. Regierungsrat Prof. Dr. phil., Halle a/S. » 6. » 1898.
Meyer, Hans, Prof. Dr., Leipzig .... » 11. April 1901.
Nansen, Fridtjof, Prof. Dr. phil., Lysaker bei Kristiania .... » 3. Dez. 1896.
Neumayer, G. von, Excellenz, Wirkl. Geheimer Rat Prof. Dr., Neustadt a. d. Haardt .... » 3. Juni 1875.
Palander, L., Marineminister, Stockholm.................. » 5. » 1880.
von Payer, Jul., Dr. phil., Wien .... » 4. März 1875.
Ratzel, Friedrich, Geh. Hofrat Prof. Dr. phil., Leipzig .... » 6. » 1898.
von Richthofen, Ferd., Freiherr Geh. Regierungsrat Prof. Dr. phil., Berlin........................... » 7. Mai 1874.

Schweinfurth, G., Prof. Dr. phil., Kairo	seit	4.	Febr.	1875.
Stanley, Henry M., London	»	6.	»	1878.
Supan, Alexander, Prof. Dr. phil., Gotha	»	6.	März	1898.
Wagner, Hermann, Geh. Regierungsrat Prof. Dr. phil., Göttingen	»	6.	»	1898.
von Wilczek, Hans, Graf, Exc. K. K. Wirkl. Geheimrat, Wien	»	4.	»	1875.

II. Korrespondierende Mitglieder.

Cohen, Emil, Prof. Dr. phil., Greifswald	seit	9.	Sept.	1875.
Cora, Guido, Prof., Rom	»	6.	Dez.	1894.
Debes, E., Kartograph, Leipzig	»	1.	Mai	1886.
von Hesse-Wartegg, Ernst, Tribschen-Luzern	»	4.	Dez.	1879.
Keller, Rich., Paris	»	6.	Nov.	1887.

III. Ordentliche Mitglieder.

Abegg, Fr.
Adam, Jul., Dr. med.
Adler, Is.
Adler, Richard Paul.
Ahlburg, Dr. phil., Seminardirektor.
Albers, Gustav L.
Albers-Schönberg, A. H.
Albrecht, Max, Dr. phil.
Alsberg, A., Dr. med., Oberarzt.
Aly, G. J., Pastor.
Aly, Paul, Dr. med.
Amsinck, M. G.
Amsinck, Wilh.
Andersen, C., Schiffsreeder.
Andersen, Emil.
Apel, Gustav.
Arndt, Adolf, Dr.
Arndt, Oskar.
Arning, E., Dr. med.
Arsenjew, Sergius von, Excellenz, Kaiserl. Russischer Ministerresident u. Staatsrat.
Asmus, Edm.
Aufschläger, C. A. M., Dr.

Ballin, Alb., Generaldirektor d. Hamburg-Amerika-Linie.
Bargebuhr, Arnold, Dr. med.
Bartels, Ed., Dr. iur., Amtsrichter.
Bartels, F. W.
Barth, Wilh., Amtsrichter.
Bauer, Max.
Bauermeister, Karl.
Behrmann, Chr., Dr. theol, Senior Ministerii.
Beith, M.
Bendixen, Fr., Dr., Bankdirektor.
Berendt, M.
Berendt, S.
Beselin, Otto, Dr. med.
Beselin, Richard V.
Beukemann, Wilh., Dr. phil., Oberbeamter d. Stat. Bur. d. Steuer-Deputation.
Bieber, Frz. Voguell.
Bieber, G. Rudolf.
Bieber, Theodor.
Bieling, Adolf.
Binzer, A. Freiherr von, Hauptmann.
Bippen, Arnold von.
Birtner, F. W.
Bitter, Wilhelm, Dr. iur.
Blohm, G, Dr. iur.
Blohm, G. H.
Blohm, Hermann, Ingenieur.
Blohm, L. F.
Bluhm, Eduard.
Böcker, Georg.
Bödtker, B. A., Kgl. Schwedischer General-konsul.

Boehl, Joh. Friedrich.
Böhme, H. D.
Boerner, A., Dr. phil.
Bötzow, F. G. C., Rat Dr., Ständiger Hülfsarbeiter des Senats.
Bolau, Heinr., Dr. phil., Direktor d. Zool. Gartens.
Boldemann, Hermann.
Bollenhagen, Emil.
Bolte, Friedrich, Dr., Direktor der Navigationsschule.
Boltz, Bernhard H.
Booth, Oskar.
Borstelmann, J.
Bose, C. von.
Botsch, G. L.
Brach, Rudolf.
Brauss, Hermann.
Bremer, Ed.
Breymann, Wm. H.
Brock, Gustav.
Brockmann, Wilhelm.
Brons, Claas W.
Brückmann, Alb.
Brunckhorst, Alexander.
Brunn, M. von, Dr. phil.
Brüssel, Julius, Bankdirektor.
Budde, Claus.
Bunzel, Carl.
Burchard, A. E. Wilhelm.
Burchard, O. J.
Burmeister, Eduard.

Calais, Pierre, Dr. med.
Calmon, Alfred.
Cammerer, Rud., Dr. med., Generalarzt a. D., Altona.
Carr, Edw.
Chaplin, Edw.
Clauss, Friedr.
Cohen, Arthur.
Cohen, Gust. G.
Cohn, Carl.
Cohn, Max L.
Cords, Julius.
Crasemann, Hans.
Crasemann, Max, Dr. iur.
Crasemann, Rudolf.
Creutzburg, Ernst.

Dalchow, A., Bankdirektor.
Darapsky, L., Direktor Dr. phil.
Dehn, Otto, Dr. iur.
Dellschaft, Hermann.
Deneke, Th., Dr. med., Direktor.
Dennstedt, M., Direktor Professor Dr. phil.
Des Arts, Henry.
Deurer, W., Konsul.
Diedrich, Aug.
Döhner, F. A.
Dollmann, Carl Paul, Generalkonsul.
Donner, C. H. von.
Donner, K. Th., Dr. iur.
Dorrien, S. von.
Drews, Curt, Major z. D., Lübeck.
Duhn, C. Chr. von, Dr. iur.
Duncker, Aug. Heinr., Konsul.
Duncker, Arth., Direktor.
Duncker, Carl.
Duncker, W. F.

Eichenberg, Paul.
Eichler, Wilh.
Eiffe, F. F.
Elkan, Carl.
Elkan, Eduard.
Elkan, W., Konsul.
Embden, B. E.
Embden, G. H., Dr. iur.
Engel, Jul., Präsident der Bürgerschaft.
Ewald, Oskar von.

Falk, Martin.
Fett, Heinrich.
Finder, Ernst, Oberlehrer Dr. phil.
Findlay, George.
Fischer, A., Prof. Dr. phil., Oberlehrer.
Flemming, Paul, Rat, Dr.
Flemming jr., Paul, Dr. iur.
Föhring, H., Dr. iur., Landgerichtsdirektor.
Fölsch, J. E. H.
Fooken, G. F.
Förster, K., Oberlehrer Dr.
Fränckel, Siegfried.
Freygang, Reinhold.
Friedburg, Martin E.
Friederichsen, Ludw., Dr. phil.
Friederichsen, Max, Dr. phil., Göttingen.
Friederichsen, Richard.

Fritz, Rud.
Fritze, Robert.
Fülleborn, Fr., Stabsarzt Dr. med.

Gabe, Joh.
Galles, Gerrit.
Garrels, Johann Heinrich.
Genzsch, Friedr., Oberleutnant a. D.
Gerson, Georg.
Gestefeld, Major.
Gevenich, Hubert.
Gibsone, Thom., Rat d. Dep. f. Handel u. Schiffahrt.
Godeffroy, J. C.
Goebel, Generalarzt Dr. med.
Göpner, Carl.
Goerlich, Rud.
Götting, A. F., Direktor der Freihafen- und Lagerhaus-Gesellschaft.
Goldenberg, Wilh.
Goldschmidt, Edm.
Goldschmidt, Otto.
Goldstein, Michael.
Goos, Max, Oberlehrer Dr. phil.
Gossler, Herm., Dr. iur., Oberlandesgerichtsrat.
Gossler, J. H.
Gossler, John von Berenberg.
Gossler, Rudolf G.
Gossler, Wm.
Gottsche, Carl, Prof. Dr. phil., Kustos am Naturhistorischen Museum.
Goverts, Ernst F., Dr. iur., Landgerichtsdirektor.
Grallert, Emil, Konsul.
Grandefeld, K., Dr. phil.
Groenewold, E. B.
Grosse, Carl.
Grösser, Herm., Direktor der Jaluit-Ges.
Gültzow, Alb.
Günter, G. H.
Güssefeld, Otto, Dr. phil.
Gütschow, Otto Jul.
Guhrauer, L.
Gulda, F.
Gumprecht, Heinrich.

Haas, Heinrich.
Haberland, G. E.
Hagen, K., Dr. phil.
Hahn, Louis.
Halle, Ernst von, Prof. Dr., Berlin.
Hallier, Eduard, Dr. iur.
Hammacher, Albert.
Hane, A., Direktor.
Hansen, Julius.
Hansing, L. F.
Hansing, Otto H.
Hanssen, Adolf.
Hanssen, Alphons B.
Harder, Herm. J.
Harke, L. F. C., Dr. iur., Landrichter.
Hauer, Albert.
Haupt, Woldemar.
Hegemann, F., Kapitän.
Heidmann, J. H.
Heidmann, R. W.
Heinemann, Hermann.
Heintze, Gustav H.
Heintze, W., Bankdirektor.
Heitling, Wilh.
Held, H. A.
Helms, Hermann.
Hennings, Paul, Dr. med, Reinbeck.
Hensel, E., Postdirektor.
Hering, Cuno.
Hermsen, Diedrich.
Hermsen, Theodor.
Hernsheim, Ed., Konsul.
Hernsheim, Franz, Direktor der Jaluit-Ges.
Hertel, Ernst.
Hertz, Ad. Jacob, Direktor.
Hertz, Daniel, sen.
Hertz, G., Dr. iur., Senator.
Hertz, Rudolf, Dr. iur.
Hertz, Wilh. Victor.
Herz, A., Contre-Admiral und Direktor der Deutschen Seewarte.
Herz, Albert, Dr. med.
Hesse, Alfred P.
Hesse, F. W. H.
Hesse, G. jr.
Heubel, Eduard, Architekt.
Heye, F. C. Th., Geh. Kommerzienrat.
Heymann, Jul.
Heyne, Fritz.
Hoffmann jr., Georg.
Holten, Carl von, Professor, Altona.

Holthusen, Gottfried, Senator.
Holtzapfel, Eduard.
Holzapfel, Gustav.
Höltzel, M., Dr. iur., Stuttgart.
Hoppe, Edm., Prof. Dr.
Hübbe, J. J., Direktor.
Hübbe, P. G.
Hüttner, Herm.

Jacobson, Aug.
Jacobsen, Max, Direktor.
Jahn, Gust. Jos.
Jantzen, C. F. W.
Illies, Carl.
Johns, H. E., Marine-Ingenieur.
Jonassohn, Otto.
Jordan, Julius.
Jorre, Ernst Heinrich.
Jowien, W. E. F.
Isermann, C. W.

Kähler, Alex., Senator.
Kaemmerer, A., Dr. iur.
Kanzow, Rudolf.
Karuth, Carl.
Kayser, Alfred, Generalkonsul.
Kein, Woldemar, Realschullehrer.
Kellner, Ernst.
Kelter, Edm., Dr., Oberlehrer.
Kleinwort, Georg.
Klinge, Fritz.
Klussmann, M. H. R., Prof. Dr. phil.
Knauer, W., Senator, Altona.
Koch, G., Dr., Direk d. Statist Bureaus.
Koch, Victor, Bankdirektor.
Koch, Vincenz.
Kochen, Albrecht.
Köppen, B., Baumeister.
Koldewey, Carl,. Admiralitätsrat.
Korn, K., Reichsbankassessor.
Kraepelin, Carl, Prof. Dr. phil., Dir. d. Naturhist. Museums.
Kraft, Ernst.
Kraft, Philipp, Dr. phil., Oberlehrer.
Kramer, Otto.
Krauss, Alfred.
Krauss, J., Dr.
Krieger, C. R., Wirkl. Geh. Oberfinanzrat, Altona.
Kröhnke, B.
Kröhnke, O., Dr. iur.
Krönig, Daniel, Rat Dr. iur.
Krumbein, G.
Kück, Alberto.
Kück, Roberto.
Kunkel, Christian, Dr. med.

Lachmann, Ed.
Lachmann, Julius, Fabrikbesitzer.
Lantzius, Otto.
Lau, Hugo.
Lau, H. F. W.
Lavy, Charles.
Lazarus, Rudolf.
Leesemann, C. F.
Leisewitz, Wilhelm
Lenhartz, H., Prof. Dr., Direktor des Eppendorfer Krankenhauses.
Leppien, August.
Levinsohn, Bernhard.
Levy, Eduard, Generalkonsul.
Levy, Rudolf.
Lichtwark, Prof. Dr. phil., Direktor der Kunsthalle.
Liebermann, Ernst.
Liebermann, Franz.
Lieder, Philipp.
Linde, R., Dr., Oberlehrer.
Lindemann, A., Bankdirektor, Altona.
Lindener, Arthur, Gr. Flottbeck.
Lion, Eugen.
Lipp, Max, Dr.
Lippert, Ludwig.
Lipschütz, G.
Lipschütz, L.
Löhmann, R., Oberlandesgerichtsrat.
Loesener-Sloman, F.
Löszl, Ludwig von.
Loewenstein, Ernst, Dr. iur.
Loewenstein, Simon.
Lubcke, August.
Lutteroth, Arthur.
Lüttmann, Joh.
Luttropp, E.
Lyon, Alfred.

Maack, Elert.
Maass, Ernst, Verlags-Buchhändler.
Maegli, J., Konsul.
Marcus, G.

Marcus, Hermann.
Marschall, Hermann.
Martens, G. H.
Martens, Julius, Konsul.
Martin, Rud., Dr. iur., Oberlandesgerichts-Präsident.
Marx, Jakob.
Matthies, Rudolf.
Matthiesen, F. E., Direktor der Seemannsschule.
Mayr, H. Jul.
Meinardus, Otto W.
Meisner, Carl.
Melchior, M.
Melle, Werner von, Dr. iur., Senator.
Merck, Ernest.
Mestern, Paul.
Meyer, Franz Bernh.
Meyer, G., Dr. med.
Meyer, H. C. Eduard, Konsul.
Meyer, Herm., Dr. phil.
Meyer, Moritz, Dr. med.
Michaelsen, Wilhelm.
Michaelsen, W., Dr.
Michahelles, Alfred.
Michow, Heinrich, Dr. phil., Schulvorsteher.
Miehe, Otto G.
Mönckeberg, J. Georg, Dr. iur., Bürgermeister.
Mönckeberg, Rudolf, Dr. iur.
Möser, H., Dr. med.
Mohr, Anton F.
Mohrmann, J., Dr. iur.
Moll, Eduard G.
Moll, Eduard L.
Moller, U. Ph., Dr. iur., Präses der Vormundschaftsbehörde.
Moriz-Eichborn, Oberleutnant, Wandsbeck.
Müller, Clemens.
Müller, Ernst.
Müller, Gustav.
Müller, Karl, Bankinspektor.
Müller-Beeck, F. Georg, Konsul, Nagasaki.
Münchmeyer, H., Konsul.
Mugdan, D., Generalkonsul.
Muselius, Friedr.
Mutzenbecher, H. F. M.
Mutzenbecher, Matthias, Dr. iur.

Naht, A. W.
Nathusius, Anton.
Neckelmann, Carlos.
Neubauer, A.
Neubauer, Gustav A.
Niebour, Th., Dr., Navigationsschul-Direktor a. D.
Niebuhr, G.
Niemeyer, E.
Niemeyer, Gotthard.
Nissen, Peter, Dr. phil., Oberlehrer.
Nissen, Waldemar, Dr. phil., Oberlehrer.
Nocht, B., Dr. med., Physikus.
Nölting, Joh., Dr. phil., Oberlehrer.
Nölting, P. H.
Nölting, Paul Eduard, Konsul.
Nordheim, Louis.
Nordhof, Dr. med., Stabsarzt.

Oberdörffer, O. C.
Oehrens, W., Dr. med.
Ohlendorff, Heinr. Freiherr von.
Ollerich, H.
Ollwig, Dr. med., Stabsarzt.
Opitz, Paul, Kapitän.
Oppenheim, Albert.
Osten-Sacken, Freiherr von der, Major z. D.
O'Swald, William, Senator.
Ottens, F.
Otto, Dr. med.

Panzer, Albert.
Patow, Otto.
Pauly, C. August.
Peine, Arthur.
Persiehl, Hermann Otto.
Peters, J. J. W.
Peters, Otto.
Petersen, G., Dr. iur., Rat.
Petersen, Joh., Dr. phil., Direktor.
Petersen, Rudolf, Bankdirektor.
Pfeffer, Georg, Prof. Dr. phil.
Philippi, M. A.
Philippi, W. A.
Pickenpack, Vincent.
Pieper, Gustav R., Seminarlehrer.
Piglhein, Ludwig.
Pinckernelle, A. E.
Plate, Georg A.
Platzmann, Alphons.
Poelchau, Harald, Dr. iur.
Poelchau, Warner, Dr. iur., Direktor.

Polano, Hermann, Dr.
Pontoppidan, E.
Pontoppidan, Hendrik, jr.
Porten, von der, Dr. med.
Predöhl, Max, Dr. iur., Senator.
Prehm, Adolf L. W.
Prochownik, L., Dr. med.
Puch, Otto, Reichsbankdirektor, Geh. Rat.
Pulvermann, A.

Rapp, Gottfried, Dr. iur, Tsingtau.
Raydt, Th.
Reddelien, Gustav.
Refardt, J. F. C., Senator.
Reifenberg, Aug.
Reimers, Otto.
Reiners, W., Konsul.
Renck, Carl, Konsul, Harburg.
Repsold, Johann Adolf, Dr. phil.
Repsold, Oskar.
Retzlaff, Max.
Richter, Bruno.
Richthofen, Heinr. Freiherr von.
Riedemann, Hugo.
Riedemann, W. A., Kommerzienrat.
Rintel, B., Dr. med.
Robertson, H.
Robertson, R. J.
Robinow, Hermann.
Robinow, Paul M.
Rodust, G.
Roeloffs, H. A, Syndikus.
Roeper, Conrad E.
Roosen, B. C., Pastor.
Roosen, B. Otto, Architekt.
Roosen, Eduard.
Roscher, H, Senator.
Rosenfeld, Louis.
Rossin, Julius.
Rudorff, G. O. A F., Oberlandesgerichtsrat.
Rüter, Herm., Dr. med.
Ruperti, Oskar.

Sachse, Paul.
Sack, Ed., Kunstmaler.
Sanders, Herm.
Sanders, Ludwig.
Sanne, Louis.
Sanner, F. J.
Sass, Karl H.
Schaps, Georg, Dr. iur., Amtsrichter.
Scharlach, Jul., Dr. iur.
Scharlau, Oberstleutnant z. D., Altona.
Schede, Kurt.
Schede, Max.
Scheele, von, Oberst.
Schemmann, Carl.
Schemmann, Conr. Hermann, Senator.
Schinckel, Max
Schlee, P., Dr. phil., Oberlehrer.
Schlubach, Heinr. Adolf, Generalkonsul.
Schlüter, Adolf J.
Schlüter, Frans C.
Schmid, Henry.
Schmidt, Franz, Architekt.
Schmitz, H., Dr. iur., Rat.
Schnars-Alquist, Prof.
Schnee, R., Prof. Dr
Schön, Alex., Dr. iur., Rat.
Schönfeld, Gustaf.
Schorr, Rich., Prof. Dr., Direk. d. Sternwarte.
Schott, Gerhard, Dr. phil.
Schramm, Ernst W.
Schramm, Max, Dr. iur., Rechtsanwalt.
Schröder, Franz.
Schröder, Heinr., Dr., Landrichter.
Schröder, J. A., jr.
Schröder, Rud.
Schubert, H., Prof. Dr. phil.
Schück, A., Kapitän.
Schütt, Richard, Dr. phil.
Schultze, Adolf, Dr. iur., Landgerichtsdirek.
Schulz, Richard.
Schulze, F. G.
Schwabe, Wilh.
Schwarz, Dr. iur., Landrichter.
Sellin, A. W., Direktor der Hanseatischen Kolonisations-Gesellschaft.
Semler, Johannes, Dr. iur., Rechtsanwalt.
Semper, Aug., Dr.
Seyffarth, H., Pastor Dr.
Sieben, F. C.
Siemers, Alfred, Dr.
Siemers, E. Adolf.
Siemers, Edmund J. A.
Sieveking, Fr., Dr. iur., Rechtsanwalt.
Sieveking, W., Dr. med.
Sievers, W., Prof. Dr. phil., Giessen.
Sieverts, R. C.
Simon, George.

Smith, Francis F.
Söhle, Martin, Dr.
Soellner, Adolf.
Sohst, Heinr. A.
Spethmann, Albrecht.
Sprick, H.
Stahmer, Friedr. Julius.
Steffens, Franz S.
Steidtmann, P. O
Steinhaus, O., Dr. phil.
Stemann, Dr. iur., Landgerichtsdirektor.
Stephan, E, Oberlehrer.
Sthamer, Richard, Dr.
Stock, C V.
Stoltz, Hermann, Kommerzienrat.
Storch, John, Dr. med.
Strack, Adolf L
Strack, Ernst L, Dr med.
Strack, Hermann L.
Strandes, Justus.
Strebel, Hermann, Dr. phil.
Stucken, Fr.
Stuebe, L. M. Chr.
Stürken, Alfred.
Stuhlmann, E. J. A, Schulrat Dr.
Sudeck, J. L.
Suhrberg, Carl.

Tendering, Prof. Dr. phil., Direktor.
Thiemer, Otto.
Thormählen, J.
Tietgens, Gustav W.
Tietgens, H. A.
Tillmann, Ludw.
Timm, A., Marine-Ingenieur.
Tödten, H., Dr. med.
Tölken, Ludwig.
Tollens, L. F.
Traun, Heinrich, Dr. phil, Senator.
Traun, Otto.
Trommel, A.

Uhlmann, C.
Ulex, G. F.
Ulex, H., Dr. phil.
Ullmann, Martin, Dr. phil.
Umlauff, H.

Venzmer, B., Dr., Oberlehrer.
Versmann, A.
Vogemann, H.
Voller, August, Dr. phil., Prof., Direktor des Physik. Staatslaboratoriums.
Vorwerk, Adolf.
Vorwerk, Friedrich
Voss, Ernst, Marine-Ingenieur.

Wagner, Hermann, Dr. phil., Direktor.
Wahncau, J. E. L., Dr. med., Physikus.
Walsöe, C. L.
Walter, H. A. A., Hauptlehrer.
Wappäus, A. H.
Warburg, Max M.
Warburg, Moritz.
Weber, Eduard.
Weber, Eduard F., Konsul.
Weber, Georg.
Wedeles, Heinrich.
Wegehaupt, W., Prof., Gymnasialdirektor.
Wegener, Caesar.
Wegener, Max.
Weil, Sigismundo.
Wencke, Fr.
Wentzel, A. E.
Wentzel, W. J., Dr. iur.
Westendarp, Max.
Westphal, Otto E., Senator.
Westphal, Ed., Rechtsanwalt Dr.
Wiedewaldt, Geh. Regierungsrat.
Wieler, Gustav.
Windmüller, Albert.
Winter, Ph.
Witt, J.
Witt, W., Dir. des Hanseatischen Lloyd.
Woegens, S., Kapitän.
Wölber, Francis, Konsul.
Woermann, Adolf.
Wohlfahrth, Friedrich, Oberlehrer.
Wohlwill, Th.
Wolffson, Albert, Dr. iur.
Wriedt, E. A., Altona.
Wulf, Heinrich.

Zacharias, A. N., Dr. iur., Oberlandesgerichtsrat.
Zacharias, E., Prof. Dr., Dir. d. Bot. Gartens.
Zahn, G., Dr. phil., Direktor der St. Joh. Klosterschulen.
Zarniko, Dr. med.
Zeller, Francisco van, Generalkonsul.
Ziegenbein, F. H.
Zimmermann, Richard.

Während des Jahres 1903 hat die Gesellschaft die folgenden Mitglieder durch den Tod verloren:

Brieger, Carl.
Buchheister, M., Wasserbaudirektor.
Eggert, Carl.
Hahn, Alb. Ed.
Hamann, Ad. G. W.
Hirsch, Ph., Rat Dr. iur.
Hooge, Carl.
Jencquel, G. A.
Loesener, F.
Maack, Joseph.
Müller, H. A.
Mutzenbecher, Joh. Freiherr von.
Peltzer, Ferdinand.
Pickenpack, Paul, Generalkonsul.
Schröder, Joh.
Simmonds, B.
Tetens, A. F., Wasserschout.
Tüngel, Emil, Dr. med.

Mitglieder-Bestand Ende 1903.

Ehrenmitglieder		16
Korrespondierende Mitglieder		5
Ordentliche Mitglieder:		
Bestand Ende 1902	583	
Eingetreten in 1903	53	
	636	
Ausgetreten oder verstorben	27	
Bestand Ende 1903		609
Gesamt-Bestand Ende 1903		630

FSC
www.fsc.org
MIX
Papier | Fördert gute Waldnutzung
FSC® C083411

Kolibri 360 GmbH
Ferdinand-Jühlke-Straße 7
99095 Erfurt, Deutschland
produktsicherheit@kolibri360.de